U0596706

林中挚友

黑猩猩观察手记

SABRINA KRIEF

CHIMPANZÉS,
MES FRÈRES DE LA FORÊT

[法]

莎冰娜·克里夫

著

刘逸涵 译

中国出版集团 东方出版中心

图书在版编目（CIP）数据

林中挚友：黑猩猩观察手记 /（法）莎冰娜·克里
夫（Sabrina Krief）著；刘逸涵译. 一上海：东方出
版中心，2024.3

ISBN 978-7-5473-2333-5

Ⅰ.①林… Ⅱ.①莎… ②刘… Ⅲ.①类人猿－普及
读物 Ⅳ.①Q98-49

中国国家版本馆CIP数据核字（2024）第033036号

CHIMPANZES, MES FRERES DE LA FORÊT
By SABRINA KRIEF
© ACTES SUD, 2019
Simplified Chinese Edition arranged through S.A.S BiMot Culture, France.
Simplified Chinese Translation Copyright ©2024 by Orient Publishing Center.
ALL RIGHTS RESERVED.

上海市版权局著作权合同登记：图字09-2024-0375号

林中挚友——黑猩猩观察手记

著　　者	[法]莎冰娜·克里夫
译　　者	刘逸涵
责任编辑	张馨予
装帧设计	付诗意

出 版 人	陈义望
出版发行	东方出版中心
地　　址	上海市仙霞路345号
邮政编码	200336
电　　话	021-62417400
印 刷 者	上海盛通时代印刷有限公司

开　　本	787mm×1092mm　1/32
印　　张	5.25
字　　数	88千字
版　　次	2024年9月第1版
印　　次	2024年9月第1次印刷
定　　价	59.80元

走向旷野，万物共荣

　　2021年，当东方出版中心的编辑联系我，告知社里准备引进法国南方书编出版社（Actes Sud）的一套丛书，并发来介绍文案时，我一眼就被那十几本书的封面和书名深深吸引：《踏着野兽的足迹》《像冰山一样思考》《像鸟儿一样居住》《与树同在》……

　　自一万多年前的新仙女木事件之后，地球进入了全新世，气候普遍转暖，冰川大量消融，海平面迅速上升，物种变得多样且丰富，呈现出一派生机勃勃的景象。稳定的自然环境为人类崛起创造了绝佳的契机。第一次，文明有了可能，人类进入新石器时代，开始农耕畜牧，开疆拓土，发展现代文明。可以说，全新世是人类的时代，随着人口激增和经济飞速发展，人类已然成了驱动地球变化最重要的因素。工业化和城市化进程极大地影响了土壤、地形以及包括硅藻种群在内的生物圈，地球持续变暖，大气和海洋面临着各种污染的严重威胁。一方面，人类的活动范围越来越大，社会日益繁荣，人丁兴旺；另一方面，耕种、放牧和砍伐森林，尤其是工业革命后的城市扩张和污染，毁掉了数千种动物的野生栖息地。更别说人类为了获取食物、衣着和乐趣而进行的大肆捕捞和猎杀，生物多样性正面临崩塌，许多专家发出了"第六次生物大灭绝危机"悄然来袭的警告。

"人是宇宙的精华，万物的灵长。"从原始人对天地的敬畏，到商汤"网开三面"以仁心待万物，再到"愚公移山"的豪情壮志，以人类为中心的文明在改造自然、征服自然的路上越走越远。2000 年，为了强调人类在地质和生态中的核心作用，诺贝尔化学奖得主保罗·克鲁岑（Paul Crutzen）提出了"人类世"（Anthropocene）的概念。虽然"人类世"尚未成为严格意义上的地质学名词，但它为重新思考人与自然的关系提供了新的视角。

"视角的改变"是这套丛书最大的看点。通过换一种"身份"，重新思考我们身处的世界，不再以人的视角，而是用黑猩猩、抹香鲸、企鹅、夜莺、橡树，甚至是冰川和群山之"眼"去审视生态，去反观人类，去探索万物共生共荣的自然之道。法文版的丛书策划是法国生物学家、鸟类专家斯特凡纳·迪朗（Stéphane Durand），他的另一个身份或许更为世人所知，那就是雅克·贝汉（Jacques Perrin）执导的系列自然纪录片《迁徙的鸟》（*Le Peuple migrateur*，2001）、《自然之翼》（*Les Ailes de la nature*，2004）、《海洋》（*Océans*，2011）和《地球四季》

（*Les Saisons*，2016）的科学顾问及解说词的联合作者。这场自 1997 年开始、长达二十多年的奇妙经历激发了迪朗的创作热情。2017 年，他应出版社之约，着手策划一套聚焦自然与人文的丛书。该丛书邀请来自科学、哲学、文学、艺术等不同领域的作者，请他们写出动人的动植物故事和科学发现，以独到的人文生态主义视角研究人与自然的关系。这是一种全新的叙事，让那些像探险家一样从野外归来的人，代替沉默无言的大自然发声。该丛书的灵感也来自他的哲学家朋友巴蒂斯特·莫里佐（Baptiste Morizot）讲的一个易洛魁人的习俗：易洛魁人是生活在美国东北部和加拿大东南部的印第安人，在部落召开长老会前，要指定其中的一位长老代表狼发言——因为重要的是，不仅是人类才有发言权。万物相互依存、共同生活，人与自然是息息相关的生命共同体。

启蒙思想家卢梭曾提出自然主义教育理念，其核心是：“归于自然”（Le retour à la nature）。卢梭在《爱弥儿》开篇就写道：“出自造物主的东西都是好的，而一到了人的手里，就全变坏了……如果你想永远按照正确的方向前进，你就要始终遵循大自然的指引。”他进而指出，自然教育的最终培养目标是“自然人”，遵循自然天性，崇尚自由和平等。这一思想和老子在《道德经》中主张的“人法地、地法天、天法道、道法自然”不谋而合，“道法自然”揭示了整个宇宙运行的法则，蕴含了天地间所有事物的根本属性，万事万物均效法或遵循“自然而然”的规律。

不得不提的是，法国素有自然文学的传统，尤其是自 19 世纪以来，随着科学探究和博物学的兴起，自然文学更是蓬勃发展。像法布尔的《昆虫记》、布封的《自然史》等，都将科学知识融入文学创作，通过细致的观察记录自然界的现象，捕捉动植物的细微变化，洋溢着对自然的赞美和敬畏，强调人与自然的和谐共处。这套丛书继承了法国自然文学的传统，在全球气候变化和环境问题日益严重的今天，除了科学性和文学性，它更增添了一抹理性和哲思的色彩。通过现代科学的"非人"视角，它在展现大自然之瑰丽奇妙的同时，也反思了人类与自然的关系，关注生态环境的稳定和平衡，探索保护我们共同家园的可能途径。

如果人类仍希望拥有悠长而美好的未来，就应该学会与其他生物相互依存。"每一片叶子都不同，每一片叶子都很好。"

这套持续更新的丛书在法国目前已出二十余本，东方出版中心将优中选精，分批引进并翻译出版，中文版的丛书名改为更含蓄、更诗意的"走向旷野"。让我们以一种全新的生活方式"复野化"，无为而无不为，返璞归真，顺其自然。

是为序。

黄荭

2024 年 7 月，和园

目录

前言

我对猿类的迷恋始于与大猩猩的眼神交汇，那是在巴黎的法国国家自然历史博物馆①的动植物园里。十三四岁时，我就读的学校离这座宏伟的园子很近，我们上学的时候经常去那里。小动物园的管理员放我进去，每天和大猩猩的见面都很奇妙，我们之间有一套密码，他②能认出我来，他的目光温柔而睿智。

很多年过去，我有幸结识了莎冰娜·克里夫。我发现她曾在这个与众不同的地方做过一场关于猿类的精彩讲座。莎冰娜是一位富有热情的灵长类动物学家，她还是兽医和动物药理学专家。

---

① 译者注：法国国家自然历史博物馆（Muséum National d'Histoire Naturelle）位于塞纳河左岸的巴黎 5 区，历史悠久、规模宏大、馆藏丰富。（本书脚注均为译者注，之后不再特意说明。）

② 考虑到本书的写作语境和作者想要传达的观念，书中涉及动物的代词均用人称"他/她"代指。

我们成了朋友，我有幸与她和她的丈夫让-米歇尔一起前往乌干达，她负责的塞比托利项目在那里的基巴莱国家公园进行。我们在那里待了一个星期，第一次在自然环境里看到黑猩猩，他们自由自在，生活在自己的领地。

我们在黎明时分离开，要在有时略显阴森的森林里走很长时间，这并不容易！我们努力削弱自己的存在感，尽量在丛林中隐蔽起来。黑猩猩们认得向导和莎冰娜的声音，也知道自己不是在和敌人打交道。

黑猩猩盘踞在树上，母亲们带着孩子们，一家子待在一起，形成了一幅美妙动人的画面。

莎冰娜注视他们、尊重他们、观察他们、理解他们，她的方式魅力十足。我们可以感受到她对黑猩猩的温柔，有时是担忧，总之是完全的投入。

她教会了我很多东西：爱护野生动物不是拥有他们，而是尊重他们。首先要保护他们不被偷猎；还要保护他们免受农药的侵害，这些农药是国家公园周围的农民会使用的。

莎冰娜对黑猩猩的投入无比崇高，她与让-米歇尔的伴侣关系亦是无可比拟。

这本书兼具智慧与趣味，知识十分丰富。我特别喜欢描写高大雄伟的埃利奥特的那部分。这部作品教会我们很多，它向我们说明了作为人类表亲的黑猩猩与我是如此相近，而对他们的保护更是极为重要。

如果意识不到这一点，我们的未来将会是悲剧……

这是一本我很喜欢的书。

纳塔莉·贝伊

引言
人类与黑猩猩的故事能否续写？

"猿猴。"

"猿猴医生。"

"猿猴，与人类血缘最近的亲戚"。

"猿猴，和其他人类一样的人。"

我是法国国家自然历史博物馆的教研员，在为这个优秀而可敬的机构工作的过程中，我一直尽力完成五项任务：教学和研究不必说，还有鉴定、保存和丰富馆内的收藏，以及向公众科普知识。

在完成最后一项任务的时候，我发现，一些会议、文章和书籍章节的标题常常围绕"某只"猿猴，但从未试图抓住其本质。这些标题有时会被会议组织者或记者采用，尽管我已经有理有据地作出过回应，或试图说服他们……

"那只猿猴"，这种说法令我反感。有时候，我希望这种反感能和我在乌干达森林里的"兄弟"所表现出的反感一样明显，我希望我的毛发竖起来，让体型成倍增长，大到令人吃惊的程度。不过这即不是为了吓人，也不是想要挑衅。只是和黑猩猩一样，用明显的方式表达我被激怒了，这样也许更能让人明白……不，我绝不是在研究"那只猿猴"!

如今地球上有五百多种灵长类动物，他们各不相同、独一无二。我不知道"那只猿猴"会是谁？是反对人类的那只，还是被认为代表我们的起源和一部分兽性的那只。又或许是狒狒、猕猴、狨猴和大猩猩的混血儿，他们都是为大众所知的灵长类动物。黑猩猩？不，大多数被问到的人极少提到我们的近亲。他们的血缘与我们太相近，他们的面部表情和行为举止太令人不安，像是给我们举起了一面令人困惑的镜子。

我也不在猿猴身上做研究。黑猩猩不是物件、模型、实验品。长期以来，他们都在为人类服务。现在，我认为他们是工作上的伙伴，只有他们愿意，才会向我透露他们是谁。对大多数人类来说，黑猩猩的世界难以触及，甚至对研究人员来说也一样，只有少数幸运儿能有机会分享他们的生活。有时我能够战胜不利条件进入他们的世界，我感到很幸福。他们是我的向导，教会我更好地了解非洲森林，教会我关注一些细节，如果没有他们，我会完全忽略这些。

所以，我是在和黑猩猩一起工作。如果说我乐于这样的生活，那是因为它也让我的丈夫让-米歇尔高兴。我们沉浸在这个动人心魄、奇幻迷人的黑猩猩世界中，我们从二十五岁起就一起分享这个世界，现在仍被它吸引。我用脖子上挂着的望远镜观察黑猩猩令人惊异的行为，让-米歇尔用照片捕捉那些见证他们亲密关系的生命瞬间、表情和目光。如今，我们在乌干达基巴莱国家公园的塞比托利和一百多只黑猩猩一起工作，他们中的大多数已经接纳我们进入他们的生活环境，有一些则仍然犹豫不决。我们也不强求，只是给他们提供尽可能好的条件：不让他们受伤，修复人类对他们的领地和社会生活造成的伤害，从而与他们和谐相处。昨天，同样是在基巴莱公园里，在塞比托利以南二十多公里的坎亚瓦拉，我们和另一个有五十多只黑猩猩的社群在一起。我能说出每一只黑猩猩对应的性格、外貌和步伐，让-米歇尔则小心翼翼地存下他们的照片。

　　为了获得他们的信任，我必须不分昼夜地行走在奇异的森林里，森林既是庇护也是危险：它有时是欢快的，充满了鸟儿的啁啾和犀鸟的鸣叫；也有时是绝望的，当卡车爬上山丘，爬坡时的轰鸣声淹没了大自然的交响曲。

　　我和黑猩猩一起工作，不过他们往往只让我在他们身边"兼职"。有时，我需要花几个小时盲目地追随他们的足迹，追得上气不接下气，两腿抽筋僵硬。我寻找黑猩猩的时候，常常注意不到其他欢欣鼓舞的小动物，他们在我穿过的灌木丛中飞奔、挖洞、爬行。有时，为了等着看一只黑猩猩爬上树，我坐在巨大的无花果树下长时间、专注地盯着灌木丛。在这之后，我允许自己有片刻的分神，把注意力转移到那只把自己当成雪花片的昆虫身上，或者转移到那只像一辆拒绝启动的轻便摩托车的鸟儿的叫声上，再或者转移到那些正骄傲地装点着大象粪便的脆弱的小蘑菇上。

我在一片非同凡响的森林里工作。

我与黑猩猩一起工作，也与一大群人类一起工作。我们这群人愿意把自己变得渺小、隐蔽、友好。但我们有时也会在附近遇到污染环境的人、猎人和入侵者……

人类和黑猩猩，我们之间的故事能否续写？

第一章
黑猩猩中的人类

*

塞比托利

2009 年 1 月 20 日

　　我调好双筒望远镜。我的左手边是让-米歇尔的橡胶靴和黑色的金属独脚架,上面架着他六千克重的照相机和四百毫米的镜头;右手边的埃玛和我一样蹲在杂乱的枝叶后面,双眼紧盯望远镜。突然,我们盯了将近两小时的无花果树的树枝动了。一层树叶悄无声息地分开,露出一只放在绿色树干上的手,两双眼睛齐齐注视着我们。一双眼睛的位置高些,也更难看清。我屏住呼吸,尽可能地稳住手中的望远镜,全神贯注地盯着暗处:我似乎看见了一张古怪的、不对称的脸。当然……这对黑猩猩来说可不是小细节……她少了一只耳朵!另一双眼睛在一张粉红色的小脸上格外明显。在好奇心的驱使下,他不再躲躲藏藏。他一边目不转睛地注视着我们，一边抓起小手边的一根树枝嚼了起来，小嘴在细枝上扭动。他用另一只小手吊着树枝，晃动瘦小的身体，让我们看清了他的脸、躯干、双手、双脚，还有……两条细腿之间的一点粉红……他是雄性！二十秒过去了，对我来说仿佛有一辈子那么长，一只毛发凌乱的黑长手臂吸引了小黑猩猩的注意，他转了转金色的大眼睛，躲进那个庞然大物的棕色毛发中。我抬头望向让-米歇尔，他应该已经连拍了五十多张照片。我举着双筒望远镜向树上张望，试图找到刚才那只雌性坐过的树枝，但她已经不见了。无论我如何从上到下、从左到右、由慢到快地扫视点缀着黄色果实的树冠、布满青苔的树干、树枝的顶端和无花果树四周的林冠，我都必须面对现实：那个美妙的身影在几秒钟内消失了。对，美妙，这是我脑海里蹦出来的第一个词！在塞比托利，第一次有黑猩猩看到我们没有惊慌失措，第一次有黑猩猩静静地坐着、花时间观察我们。更妙的是，不是高大魁梧的雄性在观察测试、打量我们，而是一只雌性、一位母亲。她把如此脆弱的幼崽暴露在外面，还一副信心十足的样子。一般来说，黑猩猩母亲会时刻监护自己的孩子，除非有绝对安全的保证，否则不会让他离开自己的腹部。

现在我们确定那位母亲已经离开了。我站了起来，双脚发麻，但无所谓！这两年来我们每天努力寻找和接近黑猩猩，这一刻的出现意味着巨大的回报。让-米歇尔和埃玛脸上灿烂的笑容证明他们也是这样想的。我们用了几分钟就给那只缺了左耳的雌性黑猩猩定下了"库图"这个名字，在当地方言鲁图罗语中意为"耳朵"。我们之前就在远处观察过她好几次，现在我们确信可以认出她。她黑色的脸很瘦削，头顶和两颊毛发稀疏，应该是上了年纪。无论雌雄，这里大部分黑猩猩的面部都有长长的须毛，岁数大了才会脱落。这只雌性黑猩猩就是这样：相当高、瘦，肩部长满蓬松的毛发，干燥的背部则几乎是裸露的，隐约可以看到只有一层皮肤覆盖的骨盆。她腿部的毛发棕色中带点金色。她应该超过四十五岁了。既然知道了库图有个儿子，我们也想给他取个名字。为了便于记忆，他的名字最好和他母亲一样以字母 K 开头。我们决定叫他克姆奇①，这个可爱的小生命就像发酵后又酸又辣的韩式卷心菜一样神奇。

变成树木或石头

想要观察和研究黑猩猩，首先要成功接近他们，而这并非易事。在非洲其他地方，许多科研团队用了多年的时间尝试接近他们，最后都放弃了，特别是在那些黑猩猩肉走俏、偷猎行为普遍的国家。国际上禁止猎

———————

① 原文为"Kimchi"，意为泡菜。

3

杀和交易黑猩猩，因此这无疑就是偷猎。即使在那些偷猎罕见的国家，黑猩猩面对人类还是会习惯性地感到害怕，甚至恐慌。因此，在一片较为荒凉的森林里，缓慢小心地接近黑猩猩社会，这是每个研究团队的必经之路。

这个过程被称作"习惯化"：通常需要至少十几年的努力，花上全部精力、时间和金钱，才能让黑猩猩对我们的存在表现得熟视无睹。我们敢打赌，未来十年内仍然无法收集到与他们直接相关的科学数据，我们只能从远处看到一团团黑影从一根树枝跳到另一根树枝，然后望着那些模糊的身影消失在灌木丛中。想要建立一个研究团队也绝非易事。尤其是在大多数资助项目只能持续两三年的情况下，要建立一个团队并每天给成员发工资，而做这些都只是为了在十年后观察黑猩猩。

我们这些年看似徒劳的努力都是为了不激起黑猩猩的恐惧或好奇。我们要让自己变成一棵树（一棵不引人注目的树，但也不能成为他们的食物或巢穴）或一块石头（同样，不能成为他们馋嘴时砸坚果的石头）。我们需要变得完全中性、平平无奇，要比他们栖息地里随处可见的植物和矿物质还微不足道。这足以让那些想要投身于这项事业的"黑猩猩学家"打退堂鼓。想要研究野生黑猩猩，这三种品质必不可少：好奇、毅力、谦逊。我向来好奇心十足，而且很固执，但我还需要在"谦逊"

4

这方面加把劲。没有"回报"意味着看不到黑猩猩，没有那种激动的心情，这项工作就太难了。更难的是让-米歇尔，他被十二千克的摄影设备压得整天直不起腰，却经常根本没有机会打开背包的拉链，更别说按下快门了……

从坎亚瓦拉到塞比托利

塞比托利，已经十年了……这十年里，希望与失望交错……当初决定开始这项全新的大冒险时，我们兴奋不已。我们还有两位助手：罗纳德和雅潘，他们在坎亚瓦拉与我们共事了多年。坎亚瓦拉是乌干达规模最大的大学——麦克雷雷大学在基巴莱国家公园里建立的生物站。劳伦和科林·查普曼夫妇（Lauren & Colin Chapman）也在这里工作，他们是来自加拿大的生态学家，劳伦研究非洲湖泊里的鱼类，科林研究灵长类动物。除此之外，还有美国哈佛大学的一支研究团队，由理查德·兰厄姆（Richard Wrangham）教授带队，在这里开展"基巴莱黑猩猩项目"（Kibale Chimpanzee Project）。从1999年到2008年，我们在与兰厄姆教授的合作中逐渐了解了野生黑猩猩和基巴莱的热带森林。其实，我们刚到坎亚瓦拉的时候，黑猩猩们还没有完全适应我们的存在，是我们帮助他们建立起对人类的信任。

2007年10月，理查德·兰厄姆的一位同事提出，希望我们另选一个新地点继续研究，理由是对于同一群黑猩猩来说，这里的研究人员太多了。那时，绝望席卷了我们。我们为这个项目付出了很多，而且我们即将掌握组成坎亚瓦拉社群的每一个黑猩猩家庭的情况。没能更好地了解和追踪这些黑猩猩的生活成了我们心中始终抹不去的遗憾。但很快，在乌干达的同事们和乌干达野生动物管理局（简称 UWA，是负责管理乌干达国家公园的机构）的支持下，我们重燃了在其他地方把研究继续下去的想法。在坎亚瓦拉积累的经验也为我们在塞比托利重新接近和研究野生黑猩猩奠定了基础。于是，在这次受挫后不到一年的时间里，我们信心十足地抵达塞比托利，建立了属于我们自己的研究站，并组建了一支科研队伍。我们要"习惯化"一个新的黑猩猩群体，这是一场豪赌。他们从未在自己的领地里和人类打过交道——当然那些偷猎者除外……

在过去的一年里，我们在基巴莱公园的十几个站点统计了黑猩猩的巢穴数量，并据此推算出他们的居住密度。最终，我们在塞比托利安营扎寨，并且很快发现，这里的森林比坎亚瓦拉的还要难走，20 世纪 70 年代对树木的商业化开发导致森林环境恶化。半数树木被毁，再生植被形成再生林，茂密杂乱的灌木丛和特有的树种占据了空地。塞比托利的森林也被称为"次生林"，与未经人类活动染指的"原始林"相对照。尽管我们知道，没有一片是森林未被人类影响的，但世界上仍存在一些所谓的"成熟林"，那里遍布古树、灌木稀疏……而塞比托利则截然不同！这里的地势更加起伏，山坡更加陡峭，夹在峭壁之间的山谷底部有避不开的沼泽。还有姆潘加（Mpanga）和穆诺布瓦（Munobwa）两条河流，在带来奇观的同时也让交通变得更复杂。最严峻的状况是，由于没有人在这一带进行过任何研究，我们手上没有地图，不知道河流的走向、山谷的方向、最陡峭的山坡的位置，也不知道我们要追踪的黑猩猩社群占据的领地面积……

有时，为了过河，我们要沿着变化无常的陡峭河岸走上好几个小时、好几公里。我们要穿过泥泞的沼泽，这是大象的天堂，再找到一根倒下的树干，树干的长度要足够当过河的桥，而这时我们还不知道回程的路是不是也如此艰难……不过，我们在这里的第一年对巢穴和粪便进行了统计，证明黑猩猩确实在这里繁衍：每平方公里内有两只以上的黑猩猩，是世界上已知的黑猩猩密度最高的区域之一！他们的栖息地被人类改造、环绕，这多么奇妙，成功地激起了我的好奇心。这片区域是高度人为化的——这种类型的森林在未来十到二十年内将成为大多数黑猩猩的家，为了弄明白黑猩猩如何在这里生活，就需要研究他们，让他们为人所知，并更好地保护他们。我们必须要针对退化林制订相应的保护计划，而不是以它们已经被人类破坏为借口将其抛弃……这不仅仅是为了猿类，而且对整体的生物多样性都至关重要，因为即便是处于保护区之外，这些再生林区也能承载非常丰富的动植物。

*

塞比托利

2010 年 1 月 15 日

我们正在探索黑猩猩领地的南部。天色渐暗，我们跟在罗纳德后面踏上返程之路。我对让-米歇尔说，我们现在应该离目的地不远了，但竟然没有听到营地附近公路的声响。我们已经步行了快十个小时，脚步越来越沉，腹中的饥饿让我们想起午饭也没吃多少。我拿出两小时前放在包里的 GPS（全球定位系统），当时我相信罗纳德能带我们顺利返程。为什么我们在朝南走？GPS 显示，我们距离基地的直线距离还有四公里！我双腿发软，叫住了罗纳德。他十分惊讶，表示这两小时都是在朝北走，完全不明白我在说什么。我朝他走过去，他的指南针的确显示我们是朝正北方向走的！这怎么可能呢？到底是他的指南针坏了，还是我的 GPS 失灵了？原来，他的指南针从今天中午起就没电了。我感觉喉咙开始发紧。与我们同行的还有雪莉·马西（Shelly Masi），她研究的是中非共和国的大猩猩，这次过来是为了帮助我们更好地对比黑猩猩和大猩猩，并协调研究方案。她刚才没听见我的话，正询问我是否离基地不远了，因为她以为我们16点前能返回，所以就没戴额灯。

　　我们不得不绕过沼泽和一群大象，并费了些时间才爬过极其陡峭的山坡。无论如何，我们离基地应该不远了吧？……罗纳德告诉我，他的额灯也快没电了，他早上从村子里的家走过来一直开着灯。我感觉气氛渐渐紧张起来。我告诉让米①和雪莉，罗纳德的指南针因为接近赤道而"晕头转向"，因此我们不但没有靠近基地，反而离得更远了。说完，我感觉亟须鼓舞士气。"我们在三小时内一定能回到基地。"我一脸肯定地说道，希望我镇定的样子能够让大家相信。实际上，我们四个人共用两盏灯，还要走上五个小时才能到基地。路上，我两只脚踩到了沼泽里一头巨象留下的脚印上，整个人陷进了又冷又臭的泥潭里，另外三个伙伴费了好大力气才把我拽出来。我们的脚上都磨出了水泡，胃里传来的阵阵饥饿折磨着我们，但没有人表达焦虑或抱怨。到达营地，我们才把情绪发泄出来："我以为我们要在那儿过夜了。""我真的以为我们回不来了，我还想也许指南针是对的。""我好怕遇到大象。""我试着听公路的声音来打发时间。""你说三小时的时候我根本不信。"……

---

① 让米（JM）是让-米歇尔（Jean-Michel）的简称。

一夜好睡。第二天早餐时，我们想起了那些倒霉的靴子，里面装满了臭烘烘、黏糊糊的水，回忆起了那令人窒息的饥饿感，还有把蚊子和人聚在一起的小小灯晕。经历了这一切却连一只黑猩猩也没看到。唯一的线索是我们在到达基地前就发现的粪便，离基地不到一公里，离公路也不太远，而当时我们已经绕着森林走了一圈！

海战棋①……

在最初的几年，我们有两位助手罗纳德和雅潘，很快埃玛也加入了，他们负责建立研究场地的所有准备工作：寻找黑猩猩需要开辟道路并绘制地图。为了能够高效地出行，我们慢慢建立起一张道路网，南北向以一个字母标识，东西向用一个数字命名，这样就形成了一张网格。有了这张网格，我们就可以像海军战斗那样定位，比如"在A5（或F17）碰头"。

与此同时，我们还设置了一个数据收集装置。每次看见（或者说瞥见）一只或多只黑猩猩，或者听见他们的动静，一个GPS点就生成了，与我们的距离以及准确或预估的个体数量也会一同被记录。我们记录下每一条

① 海战棋（touché-coulé）是一款模拟海战的棋类游戏，包括布阵和对战两个过程。游戏人数为两人。玩家必须在规则范围内布阵，通过分析确定对方船只的位置并将其摧毁。首先将对方的所有船只全部摧毁的玩家获胜。

属于黑猩猩的新鲜痕迹，例如指节印（黑猩猩用指关节的背面行走①）、被他们咀嚼过的茎或啃过的水果。当然，其中最好的还是粪便！我们可以根据粪便的数量和大小推断出群体的数量和组成：是只有成年的黑猩猩，还是既有成年的也有未成年的，后一种情况有可能是母亲带着孩子。我们还可以通过粪便外层的氧化和降解程度评估其新鲜度（是不到一个小时、几个小时、一天前还是好几天前的），粪便里的种子和纤维则可以告诉我们黑猩猩的食物成分。我们先是兴高采烈地收集黑猩猩新鲜的粪便，进行寄生虫和遗传分析，然后再根据粪便中发现的食物线索进行痕迹追踪。如果知道了粪便中发现的种子来自哪一棵果树，我们就会赶去那里碰碰运气，希望瞥见一只黑猩猩，或者发现新的线索。调查仍在继续……

一所教会我们耐心的学校

我回到位于巴黎的国家自然历史博物馆时，助手们还在森林里夜以继日地工作，每周给我打两次电话汇报情况。我和让米每年去塞比托利两三次，尽管我们很有韧性，甚至可以说是顽强：每天早上 5 点起床，在太阳升起之前出发，在森林里走上十几个小时，星期六和星期天也不例外，但我们也只瞥见过三四次黑猩猩。当然，

---

① 原文为 *knuckle walking*，意为指背行走。

11

粪便、叫声、指节印和巢穴无一不证明他们曾经来过。和在坎亚瓦拉一样，当四五只黑猩猩齐声发出长长的叫声，森林仿佛被撕裂，我的胸中一阵激荡，浑身发抖。我的双腿变得轻飘飘的，为了看到黑猩猩时的片刻幸福，我愿意攀爬所有的山坡，哪怕肺部火烧火燎。想要看见他们，想要望见仅仅几百米远的黑猩猩族群，这种强烈的愿望给了我克服万难的力量。在我的想象中，他们在苔藓和地衣丛生的河边无比兴奋地撒开腿奔跑；母亲们把孩子背在身后，或者她们躺在地上，让孩子们在旁边玩耍。我们加快脚步，想要尽快赶到那几只黑猩猩身边，希望能遇到他们。我努力平复急躁的情绪，生怕动静太大把他们吓跑。

当然，更多的时候，尽管我们再三小心，那些发出吼叫的黑猩猩还是会自己离开。他们在密林中跑出三四百米远，在我们看来，他们早已不见踪影，只留下雄性猩猩狂奔时折断的树枝或者雌性猩猩躺地时压碎的树叶。我们有时能循着这些痕迹找到他们觅食的大树，运气好的话，树上还挂满了果实。漫长的等待才刚刚开始，往往会持续几天……偶尔会收获观察他们几秒钟的"回报"。我们尽一切可能保持隐蔽，比如踮起脚尖走路、穿深色的衣服，甚至戴上渔夫帽，因为从上往下看，我们浅色的头发太过惹眼。我下达了严格的指令：先做好准备，一旦感觉黑猩猩离我们不到一百米，就拿出望远镜、GPS和笔记本。接着慢慢地走过去，不要做大手势，不要大声地拉开拉链。在离他们五十米左右的地方蹲下，不要太频繁地看他们。只有在他们忙于进食的时候，可以在十分钟后试着朝他们前进五米。我们要通过行为告诉黑猩猩，我们既不暴力也不危险。为此，需要让他们有机会看到我们，并把我们和那些偷猎者或者村民区分开来。有时，黑猩猩离开森林去种植园偷食，一些村民会追赶他们。还要让他们认出我们的大背包、助手们引以为豪的绿色制服，以及我们挂在脖子上或粘在眼睛上的望远镜。

这段习惯化的时期是一所真正教会我们耐心和谦虚的学校：是黑猩猩决定了我们什么时候可以进入他们的世界、他们的生活、他们的社会。

悲伤、老鼠和灰尘

我们渐渐熟悉了黑猩猩的领地，渐渐能够判断自己的位置，还知道了最受他们欢迎的"食物储藏室"在哪儿。一季又一季过去，我们知道去查看 W 路或者位于 D17 的开普无花果树（*Ficus capensis*）会是个好主意。每到香榄（*Mimusops*）成熟的季节，我们必须鼓足勇气从研究站步行一个半小时去查看最北边的几棵树。每当破布木（*Cordia*）的果实变黄变黏，散发出甜甜的气味时，我们将有机会在离营地二十分钟路程的地方看到黑猩猩。这是一块由 B 路和 C 路、13 道和 17 道框成的四边形区域，在库图的栖息范围内。我们坚持了下来，可能是因为我们俩想要不惜一切代价抵达那里，也可能是因为抑制不住对这个黑猩猩群体的生活的好奇。我们知道，只要坚持下去，就一定会有意想不到的机会，我们能够了解雄性首领的脾气，见证幼崽的成长，一点一点地进入他们的私生活。

让-米歇尔抱怨道，他一路背着四百毫米的镜头和其他设备，却只能拍到粪便的照片。我努力让他相信，在不久的将来，他就会拍到意想不到的、前所未有的野生黑猩猩的照片，我们还会坐在他们旁边休息。当我因为只收获了 GPS 点的清单而心灰意懒时，或者更糟糕的情况，为了给每天工作的助手们发工资、补装备而提交无数页文件时，让-米歇尔又会反过来安慰我。然而我们俩的内心深处都深深地怀念着与坎亚瓦拉的黑猩猩一起度过的那些激动人心的日子。我们已经慢慢熟悉了他们，我们热衷于破译他们的行为，让-米歇尔负责拍照，我负责处理数据。我们还有很多东西要向他们学习，却不得不离开，多么令人沮丧和悲伤啊！我们甚至觉得是自己把他们抛下了。为了得到他们的消息，我守着科学出版物上发表的研究，甚至定期询问坎亚瓦拉的助手们。每只小黑猩猩的诞生都会给我们带来幸福，他们的消失则让我们感到悲伤。是的，他们是我们的家人，卡卡玛、约翰尼、马科库、奥坦巴、罗莎……而塞比托利的黑猩猩似乎是这个世界上最不欢迎我们的了。有朝一日我们真的能为保护他们出一份力吗？我们非常怀念在坎亚瓦拉度过的时光，尽管乌干达野生动物管理局租给我们的临时住所——那些平房潮湿又寒冷，还没有电，老鼠和灰尘倒是应有尽有。

在坎亚瓦拉的经历既让我们抑制不住地想要更好地了解黑猩猩，又赋予了我们把自己投射到黑猩猩身上、像他们一样思考的能力。无论是之前还是现在，这种能力一直在帮助我们作出决定：西边好几天没有传来叫声了，是东边的新果树把黑猩猩社群聚集到一块儿了吗？他们在一棵不起眼的开普无花果树前排起了队吗？好吧，果子一定很好吃，他们不会跑去其他地方了。如果黑猩猩很喜欢这些水果，他们会在一两天内把这些水果消灭干净，贪吃打败了恐惧。如果我们静静地坐着，一动也不动，他们即使发现了我们也还是会过来捞走水果，尤其是库图在附近的话。这就是习惯化的胜利！

*

塞比托利

2013 年 7 月 23 日

我完成了对小伍迪的一系列目标取样。在这全神贯注的十分钟内，我详细地记录了这只年轻黑猩猩的一举一动：他是否进食，吃的是植物的哪一部分，是哪种植物，是已经成熟还是没熟的果子，是嫩叶还是树皮，吃了几口，用哪只手抓取食物，是否休息，是否清理身上的虱子，是否大小便，是否移动位置，待在多高的地方，他附近是否有猴科动物出没，比如疣猴和长尾猴……我意识到，在这十分钟里，我没有看到任何人，也没有听到让-米歇尔打开相机的声音。然而这里视野开阔，他可以给伍迪拍些漂亮的照片。或许他正和别人在一起？或许他那里的视野更好？我把笔记本和笔放进从不离身的腰包里，把望远镜挂在脖子上，然后……不情愿地背起了我的背包——它实在太重了。我绕着树蹑手蹑脚地走了足足五分钟，终于看见了让-米歇尔，他正背对着我，一动不动。我慢慢靠近他，他没有转身。我把目光投向他盯着的方向。他——和我——的对面，是埃利奥特，他高大、威风，站在五米高的地方。他在我眼中从未如此庞大。我有些不安，因为让-米歇尔距离这只巨大的雄性不过十五米远。我们从未经历过这种面对面的场景。不过埃利奥特没有发脾气，他在一根大树枝上坐下，双脚悬空，没有吃东西，正看着我们。

我继续慢慢地靠近他，心脏在胸腔里剧烈地跳动，我想这就是为什么埃利奥特的目光没有从我身上挪开。他一定听到了，并且在思考为什么我会发出这样的巨响！

我的两条腿直打哆嗦，但它们仍然支撑着我，我也想加入这段特殊的交流。我走过去，站到让-米歇尔的右边。埃利奥特没有朝下看。我在腰包里寻找笔记本，让自己镇定下来，然后看了看手表。我不想让他注视太久。我想让他自己意识到，我正在做惯用的手势，和他平常从更远的地方观察到的一样。我的手不住颤抖，欢欣鼓舞地记下："15 h 10：ET resting（5 m）- 15 m"，意思是埃利奥特在离我们十五米远、五米高的地方休息！他时不时懒洋洋地用手捋着腿上厚厚的毛，可能也是让自己镇定下来，然后继续观察我们。他不像那些惶惶不安的黑猩猩那样紧张地搔痒。我们似乎在经历一场测验，一场无休止的、趣味十足的测验。在接下来的五分钟里，让米终于敢拍几张照片。埃利奥特侧过一小半身体，接着完全转过去，背对着我们，继续待在那根树枝上，依旧离我们很近。我和让-米歇尔相互注视，他的眼睛里闪烁着幸福的光芒。我们知道，这已经迈出了一大步。强壮的雄性首领接受了我们，他在我们面前很平静，我们取得了他全部的信任，因为他移开了视线，并用宽阔的背部对着我们。那天晚上返回研究站时，我从未觉得背包如此轻盈，山坡如此易爬，森林如此生机勃勃、壮丽雄伟。我们花了一个晚上观看威风的埃利奥特的照片，仔细回顾他带给我们的那些不可思议的瞬间。

基巴莱森林：黑猩猩和人类

坎亚瓦拉社群：乌干达基巴莱国家公园中有五十多只黑猩猩生活在这里，哈佛大学的人类学家理查德·兰厄姆团队自 1987 年起开始对其进行研究。1999 年至 2008 年，我和让-米歇尔组成的研究小组探究了黑猩猩的自我药疗问题。

塞比托利社群：一百多只黑猩猩生活在基巴莱国家公园的最北部。他们的领地周围是茶叶、桉树和香蕉种植园以及粮食作物，还有一条交通繁忙的公路穿过其中。这个黑猩猩社群从未和除了村民与偷猎者之外的人类接触过。自 2008 年起，我们开始和这群黑猩猩一起工作，研究他们是否以及如何适应或者躲避人类活动。

塞比托利黑猩猩项目（SCP）：现在由来自塞比托利周围村庄的二十五名研究助理组成。SCP 最初是依靠一小部分核心力量建立的，比如和我们一起在坎亚瓦拉工作的罗纳德·穆辛古兹（Ronald Musinguzi）和雅潘·穆辛古兹（Japan Musinguzi），以及埃玛努埃尔·巴林达（Emmanuel Balinda），我们叫他埃玛，他是这个项目中资格最老的成员。如今，SCP 的内部分为负责跟踪黑猩猩的现场助理团队、负责开辟和维护道路的团队、反偷猎巡逻团队以及宣传团队。研究站里，苏莱蒂（Sulaiti）负责维护和监测，经理则负责管理和监督这些小团队。

2015 年至 2018 年间，经理一职由来自喀麦隆的尼尔森·法沃（Nelson Fawoh）担任，2018 年 11 月起由来自乌干达的约翰·保罗（John Paul）担任。

托罗国（royaume du Tooro）：使用鲁图罗语（ruto-oro），托罗国的居民被称作巴图罗人（Batooro），单数形式是穆图罗（Mutooro）。

第二章
黑猩猩社群里的秘密

*

塞比托利

2019 年 2 月 22 日

2019 年的首次野外工作不是太愉快。我从法国出发，前一天夜里抵达塞比托利。清晨，天蒙蒙亮，我正打算十点半去森林，然而六点半的时候，在我之前出发去看黑猩猩起床的团队给我打了个电话。一般来说这不是个好兆头。要么是有黑猩猩病了，要么是有黑猩猩死了，总之，出现问题了……这次也不例外，问题来了。我们的团队跟着桑和她的幼崽山姆，他们刚从巢穴里出来，朝一棵大无花果树走去。在路途中，两位助手爱德华和尼尔森在地上发现了一具黑猩猩幼崽的尸体，小小的，已经没了呼吸。两天前我还在法国时，他们就告诉我，看到过一只不认识的雌性黑猩猩，怀里抱着一只幼

20

崽的尸体，"可能是普洛夫或者基普罗蒂奇其中一只的母亲"。

尽管母亲带着死去的幼崽并不罕见，但我们一般找不到幼崽的尸体，因为雌性黑猩猩会悄无声息地将其丢弃。接到他们的电话后，我迅速做好准备，带上口罩、手套，背好手术箱，这些东西足以完成一次尸检了，但这个念头让我高兴不起来。苏莱蒂原则上是不能离开研究站的，他十分认真地执行着看家的任务，但这次他也跟我一起来了。他带了一把手镐，想就地埋葬小黑猩猩。

这只幼崽已经死去超过二十四小时了，白天气温高，尸体肯定已经开始腐烂了。我步行了一个小时，终于见到了这只小黑猩猩，他最多不超过两岁。无数蛆虫侵蚀了他的脸，总之，我宁愿是这样，他没有那么让人心生怜悯，身上的气味也相当浓烈。他的腹部有一块直径在三厘米左右的白毛斑。我戴上手套和口罩，掂了掂他的重量。只有五千克。我摸了摸他的手臂、腿、胸、盆骨，均没有骨折，臀部也没有污迹。我感觉他很瘦小，肌肉也不发达。不过这很难比较，因为我从来没有机会触摸一只健康状况良好的野生黑猩猩幼崽。我能如此近距离观察到的两岁黑猩猩都是孤儿，他们只能自己行动，被人类用高糖、高热量的肉质果喂养。再者就是动物园里的黑猩猩，他们的生长发育曲线也大不相同。

在尸检时，我发现他的胃里没有任何食物，消化道里没有堵塞物，也没有食物或者粪便的痕迹，而是充满了气体。这个小家伙在死亡之前肯定饿了好几天肚子。他的肝脏有些肿大，看来死亡并不是意外，也许是因为肝炎……

我和助手们时隔六个月再次见面，他们向我讲述了这些天的经历。周六，助手们和黑猩猩们待在一起：奇塔卡和她的两个孩子昂塔布、阿波罗，还有一只上了年纪的雌性和她的女儿。在此期间，他们看到基普罗蒂奇和一只成年雌性一起走了过来，后者的腹部挂着一只幼崽。助手们猜测这只雌性黑猩猩是基普罗蒂奇的母亲。我们很熟悉基普罗，他长得十分有辨识度：鼻子很塌，面部中央有一条歪歪扭扭的沟。不过他的母亲实在是太胆怯了，我们到现在都无法辨认她……这周六也是一样，18 点 10 分左右，她又迅速地跑开了，助手们没能跟上。但他们确定，那时她的孩子还活着，正紧紧地抓着母亲的毛发。

第二天，助手们又看到了基普罗蒂奇，他们惊奇地发现他的母亲也在。然而，当她的轮廓在清晨的薄雾中渐渐清晰起来时，助手们发现她正以一种奇怪的方式抱着她的孩子：她只用了一只手。那具小小的身体毫无生气。她爬上了一根离地面三十米高的巨型树枝，把幼崽的尸体平放在身边，然后开始进食。渐渐地，她走开了，两米、五米、八米、十五米，然后又回来了。她把尸体转移到有更多成熟无花果的地方，把它框在两根树枝之间，接着继续进食。9点26分，肯佐带着年轻漂亮的女儿康吉和小儿子基诺梅走了过来。母亲冲向幼崽的尸体，把它抱在怀里。接着，她把尸体放下来，继续进食，但她再也没有走开。10点02分，她给幼崽清理身体。她抓起幼崽的手摇了摇，没有反应，幼崽的身体是瘫软的。于是，她继续仔细地检查幼崽的毛发。基普罗蒂奇在八米远的地方看着她。几分钟后，她停下来了，不再梳洗那具小小的、一动不动的身体。基普罗走了过来，也开始清理那具毫无生气的身体。11点01分，母亲离开了大无花果树，一只手抱着幼崽的尸体，后面跟着基普罗蒂奇。

黑猩猩与死亡

我们对动物如何解释死亡知之甚少。一只雌性黑猩猩一连几天带着自己死去的孩子，是希望他能复活吗？母亲能下定决心，抛下那个几年来日夜粘在她身上的幼崽吗？雌性黑猩猩在幼崽活着的时候不会主动抱他。幼崽出生的最初几个小时，就学会紧紧地抓住母亲的毛发，母亲则会尽可能地托住他，坐着时用腿当吊床，供他休息、打盹儿、熟睡。但如果幼崽身体健康，母亲就不需要在行走的时候托着他。用手抱着以及背着幼崽不是一种寻常行为。当幼崽长到快两岁，且和我刚才解剖的那只差不多重的话，那么带着他爬树或者行走几公里都是相当大的负担，而这两项活动往往又是黑猩猩每日进食所必需的。我们也观察到，黑猩猩在面对生病、濒死或者已经死亡的、一动不动的个体时，会用动作表达惊讶，比如母亲会摇晃幼崽的手臂。为了防止群体里的其他黑猩猩接近尸体，母亲会清理幼崽的身体，或者做出保护幼崽尸体的行为，这些都很常见。

尽管鲜有出版，偶尔还是会有一些文字记录下除了母亲之外的社群成员与尸体间的互动，比如这里的基普罗。在几内亚的博苏（Bossou），一位黑猩猩母亲将自己两岁半的幼崽的尸体带在身边整整六十九天，尽管气味刺鼻，但其他黑猩猩从来没有表现出厌恶，他们像基普罗蒂奇那样触摸尸体、抬起或放下尸体的腿和手臂。[1] 在其他灵长类动物身上，我们也会观察到这些为了引起注意而做出的行为（梳洗、搂抱），比如狮尾狒。[2] 我们曾经观察到，三只雌性狮尾狒将幼崽的尸体带在身边，就这样分别度过了十三、十六和四十八天……而且，幼崽的尸体有时会由群体里不同的雌性带着，甚至会由母亲所在群体之外的成员带着。令人惊讶的是，在这件事发生一个月之后，现场助理尼尔森可能是受到了触动，他用手机 Whats App 给我发了一张照片，照片上是一只雌性狒狒，她侧过大半个身子，正在清理一具垂着头的小身体。尼尔森还发了一句话："他们和黑猩猩一样，也会为死去的幼崽梳洗。"[3] 在被圈养或者半自由的情况下，黑猩猩们会安静地坐在尸体旁，有的会去检查尸体的毛发。在赞比亚的一个保护区，我们观察到一只雌性黑猩猩将一根草塞进一只刚刚去世、年仅九岁的黑猩猩嘴里，似乎是在帮他清理牙齿。[4] 我们观察发现，与尸体接触最多的黑猩猩与它的社会关系最为密切，不过社群里的其他成员面对尸体也会有所反应。

在灵长类动物学科中，死亡学并未得到充分的发展。但以上几项观察足以凸显出联结黑猩猩们的情感纽带，这条纽带不仅是母亲和孩子之间的，也是群体里其他成员之间的。面对一具毫无生气的尸体，他们流露出了令人动容的悲痛。尽管尸体只剩下破碎的皮肤和筋腱，肌肉也已经干瘪，但成员们仍然对它表现出了亲昵，对死亡流露出了痛苦，其中最令我动容的画面是坎亚瓦拉的罗莎。她的孩子刚刚夭折了，她把尸体护在腹部和腿之间。接下来的很长一段时间里，她都在清理尸体周围的树叶，仿佛对身边的同伴和他们正在做什么都无动于衷。她专注地做着这件事，眼神空洞洞的。

统一与分裂

黑猩猩生活在一个雌雄混杂、既统一又分裂的社会。一个社群由一群雄性和雌性组成，他们和谐地生活在同一片领地中。他们相互认识，会来往和碰面，但大部分时间都相距甚远，进食时偶尔会在同一棵果树上碰见。唯一的例外是母亲和孩子，他们总是一起行动，孩子对母亲的依赖一直持续到六七岁，有时会到十至十二岁。一个小社群的领地面积有好几平方公里，但对于生活在较为干燥环境中的社群来说，这个数字会达到惊人的一百平方公里，比如在塞内加尔。一个黑猩猩社群能容纳近二百名成员，塞比托利南部的努迦就是这样。社群内部的小群体有无数种组合，但在大多数情况下，这些小群体是临时性的，至少在成员众多的社群里是这样。由十二至十五只黑猩猩组成的小社群拥有更强的稳定性和凝聚力，所有成员大多数时间都待在一起。如果一个社群里有几十个成员，那么除非食物特别充足或者雌性的魅力特别强，能够吸引社群里的大部分成员，否则那些小群体只能维持片刻或者几个小时，很少能持续一天或更长时间。小群体的规模一般由两个标准决定：食物和雌性。不过，并不是随便哪只雌性处于发情期（即同意交配），就能让大多数雄性聚在一起的！

在塞比托利，我们研究的森林占地二十五平方公里。这片森林很独特，与邻近地区截然不同。我在塞比托利指导的第一位博士生萨拉·博托拉米奥勒（Sarah Bortolamiol）在她的地理论文中写道[5]：这里的山坡更加陡峭，树木占据了森林砍伐区，形成一片再生林。十年了，我们仍然无法确定生活在公园北部的黑猩猩的数量，甚至无法确定那里有一个还是两个社群……我的每一次实地考察都可以记录一两个由母亲和孩子组成的、我们从未见过的新家庭。目前，我最多能给出一个粗略的估计：大约有一百多只黑猩猩生活在森林的这一小片区域中。遗传学也为我们提供了新的信息，这些信息又让我们对黑猩猩社群栖息地的地理边界产生了怀疑。

粪便储藏馆

由于雌性黑猩猩和许多只雄性交配（反之亦然），黑猩猩自己和研究人员都不知道幼崽的父亲是谁。因此，成年雄性对有可能是他们后代的幼崽缺乏父系的照顾，而我们对此也抱有很高的容忍度，甚至很好奇，想要一探究竟。为了解开我们观察的那群黑猩猩的亲子关系之谜，我们进行了谱系学和遗传学研究。为此，我们收集了数百份黑猩猩的粪便，想要从他们消化道的细胞中提取出 DNA。然而，很少有细胞脱离肠道，即便有，DNA 也降解了。因此，并不是所有样本都是高质量的，只有至少三个样本得出相同的结论时，我们才会认为这个结果是可靠的。可以说，我经常被同事们嘲笑。当别人在收集昆虫、民族物品和可以追溯到几千年前的骸骨时，我收集了一座"粪便储藏馆"，它在我眼里是真正的宝藏！因为粪便除了可以提供关于黑猩猩家庭的惊人信息，还可以让我们了解他们感染的寄生虫的种类，特别是当显微镜无法解决这个问题的时候。

而我对粪便的兴趣并不仅限于此。在森林里，它们是表明黑猩猩曾经经过的宝贵指南：粪便的大小可以告知我们将其排泄出来的个体的体型；粪便是硬的、软的还是液体状的，则可以说明他们消化系统的状况。粪便的成分也为研究黑猩猩的饮食习惯提供了重要的信息：我们在其中发现了黑猩猩在吞食果肉的同时咽下的种子、茎叶等一定数量的纤维、昆虫的残骸、骨头的碎片、脊椎动物的毛发或皮肤。最令人惊讶的是，粪便能够揭示黑猩猩的一系列自我药疗！我们可以从中找到未经咀嚼、整片吞下的完整的大叶片，这表明黑猩猩存在驱虫行为。

身份证

现在距离我们第一次踏入塞比托利森林已经过去十年了，我们给六十多只黑猩猩取了名字，并能一眼认出他们。实际上，研究的第一步就是要从形态上识别出他们，并给他们取名字：每只黑猩猩都不同，也不能互替。一般来说，动物行为受到年龄、性别、生理状态（雌性怀孕、哺乳……）、健康状况、阶级地位等要素的制约，也受个体特征的影响。并非所有身体健康、三十岁上下、带着幼崽的雌性黑猩猩的行为都一样。因此，我们对遇到的每个小群体都要根据它的构成进行描述。取样扫描每二十分钟就能实现一次，就像拍快照一样：哪些个体在场，他们在什么位置（一个 GPS 点被记录下来），每个个体在干什么，是在地上还是在树上（树是什么品种？是否在开花？是否在结果？如果是，果实的数量和成熟度如何？），处于多高的位置，这也让我们确定了决定群体构成和规模的标准：是食物供应、发情期的雌性、巧合，还是亲属关系、亲缘关系？

我们可以根据黑猩猩的身体读出他们的身份和故事：扭曲的手指，肩膀上的棕色毛发，缺了一只手，一只撕裂的耳朵，肌肉发达或瘦骨嶙峋、矮胖或瘦高的躯干。我们先将这些特征详细地记录在卡片上。几天、几周、几个月或者几年之后，我们就不再需要查阅这些卡片了：我们能通过他们走路的方式（哪怕他们背对着我们）、坐姿，以及二百米之外的叫声辨认出他们。有些黑猩猩的特点太过突出，我们绝不可能弄混。比如上了年纪的艾琪琪，她的一只耳朵被扯掉了，瘦瘦的身体拱着，声音嘶哑，与其他雌性完全不同。令人惊讶的是，我们在每一段野外考察期都会发现新的个体。其中自然有年轻的雌性，可能是来自邻近社群的"移民"，也有带着幼崽的雌性。或许是她们在前几个季节太胆小了，所以不敢和其他已经习惯我们存在的黑猩猩一起露脸。她们是否一直待在地面上，远离群体？

黑猩猩永远不会被简化为一串符号或者数字。给他们取名并不会抹杀观察的科学性。恰恰相反，由于担心被指责拟人化，一些个体特征被长期忽略，而认识到这些绝不会有损科学的严谨。另外，你们肯定注意到了，在描述雌性黑猩猩时，我使用的是黑猩猩这个词的阴性形式①。为什么法语中的母马、母鹿、母猪和母鸡都是另外一个特殊的词，而描述雌性黑猩猩时甚至不会在词尾加一个字母"e"②？尽管法语纯粹主义者不乐意，但我还是要冒昧地将这个词阴性化，为这些相当不可思议的生命——这个物种的雌性代表——腾出一个特殊的位置。

自由的观察

我们感兴趣的不是理解"某只黑猩猩"，而是熟悉并走进那群塞比托利黑猩猩的内心深处，他们与坎亚瓦拉的邻居们太不一样了。在诺曼底最深处登陆的外星人与小镇居民共同生活一段时间就能描述人类了吗？显然不能。那么，为什么觉得我们只用几年时间研究极小一部分的黑猩猩，就能了解这个物种的多样性和丰富性呢？我们和人种学家的工作性质类似。我们想要观察和描述

---

① 在法语中，一些阳性名词可以通过在词尾加字母 e 变为该词的阴性形式，因此作者在"chimpanzé"（黑猩猩）末尾加字母"e"变成"chimpanzée"，用于表示"雌性黑猩猩"。

② 在法语中，公母马（鹿、猪、鸡）对应的词汇完全不同，比如"cheval"（公马）和"jument"（母马）。黑猩猩则不作区分，无论雌雄都被统一称为"chimpanzé"。

塞比托利黑猩猩的社会，但无法由此出发判定"黑猩猩"这个物种的全部情况。我们当下的目标只是记录他们的行为，弄清他们如何在自己的领地里生活，描述并试图理解为什么这只雌性黑猩猩去了领地的北边，而另一只选择去西边；为什么这只吃合欢的树皮，而那只和群体的成员一起待在阿林山榄树上；为什么有一只黑猩猩横着过马路，而其他成员都斜着走……

为此，我们采用了不同的科学观察法，并由不同的观察者反复使用，这样能让我们摆脱一切情感偏向以及一切非客观的阐释，从而比较不同时期内不同性别、年龄，残疾、生病或健康的黑猩猩个体的数据……简单来说，检验我们认为合理的假设。而且我们不仅收集雄性首领的数据，还会一并收集幼崽和老年雌性的数据。

跟踪黑猩猩的方法

为了研究塞比托利黑猩猩的行为、生态和健康，我们采取如下方法：

——**自由观察法**（ad libitum）。这是我们从研究开始就采取的方法，现在还在继续使用，为的是记录下需要说明的数据。我们将所有能观察到的东西都记录在一张卡片上。

——**扫描取样法**（scan sampling）。我们每隔二十分钟就会描述群体的构成以及每只可见个体的活动。这是一个群体在某个特定时刻的即时照片。

——目标取样法（focal sampling）。一只个体被"选中"（选择的标准会变化），我们会跟踪他的所有活动。我们先以十分钟为一个周期，选择一只能够较好地习惯我们存在的个体，从他起床到睡觉一直跟着他。他的每项活动（进食、移动、休息、与同类的互动、清理虱子……）都会被标记，活动之间切换的时间也会被记录下来，精确到秒。我们还会记录下他消耗的食物、与他互动的同类、他在树上所处的高度、他在地面行走时脚印留在土地上的纹理以及脚印的深度。

比如，脚印深度的信息对于衡量个体在移动时（特别是在沼泽里）需要花费的力气非常有价值。我们的目标之一，就是估算出被跟踪的个体一天中各种活动（运动、社会活动、生命活动、休息等等）所消耗的能量，以及通过进食摄入的热量。根据这些数据，结合森林及其周边耕地的食物供应，我们就可以知道个体的行为是出于需要（因为森林提供给他们的食物很少），还是因为贪吃；是考虑到便利，还是为了优化能量收益。在几平方公里内花十分钟拾取几穗玉米，在森林里走五六公里，以及从五到十棵不同的树上摘一整天的水果，黑猩猩从这三种活动中获取的热量一样多……因此第一种行为的性价比似乎更高。但就食物的多样性以及黑猩猩所需微

32

量营养素的覆盖率而言，这样的饮食是否合适？这是我们目前正在研究的课题之一。

大受欢迎的奇塔卡

渐渐地，我们通过观察掌握了黑猩猩的个性。

某些雌性黑猩猩对雄性的吸引力比其他雌性大得多。奇塔卡就是一只备受青睐的雌性。不过，当她的肛门像即将爆裂的粉红色大气球一样绽放时，通常只有埃利奥特能接近她。其他雄性则像苍蝇围着果酱罐一样，在她旁边转来转去。埃利奥特守在离她几米远的地方，防止其他追求者细看她高高肿起的屁股。奇塔卡有些矮胖，毛发是浅色接近金色的。她有着圆圆的脸、小小的鼻子和心形的眉弓，脸部周围是凌乱浓密的金黄色鬓角，她的脸不会被误认为其他任何一只黑猩猩。一些脸部和毛发呈深色的雌性长得很像，但奇塔卡（鲁托罗语意为"地球"）是独一无二的。埃利奥特目不转睛地注视着她。当埃利奥特想要离开和奇塔卡一起觅食的树时，他会先越过下方的树枝向下爬几米，然后停下来，转身看看奇塔卡是否跟上。如果这只浅色毛发的雌性继续进食，对他的离开不以为然，那么埃利奥特会回到奇塔卡的身边，变得极其"炸毛"。他会蓬起毛发，然后从左到右轻轻摇晃一根树枝，如果奇塔卡依旧没有表现出任何要跟上他的意思，那么他摇晃的节奏会越来越快。埃利奥特走近她，态度更加明确，换着脚摇摆，有时会把自己的全部重量压在奇塔卡坐着的树枝上，让对方失去平衡，从而不得不抓牢树枝以防摔下去。

为什么这只雄性首领对奇塔卡如此感兴趣呢？这段特殊关系的诞生仍是个谜。根据观察和遗传学，我们知道奇塔卡可能已经将近四十岁了，她有四个孩子，分别是阿拉贡、昂塔布、盖亚和阿波罗……不过，理查德·兰厄姆的团队曾经发表过一篇文章，名为《雄性黑猩猩更喜欢年老的雌性》[6]，表明三十岁以上且有孩子的雌性黑猩猩比三十岁以下、无论有没有孩子的雌性都更有吸引力。他们记录了雄性黑猩猩接近和求爱行为的次数（凝视对方且阴茎勃起、摇晃树枝）、群体中雄性的数量、雌性与地位高的雄性（包括雄性首领）交配的次数，以及性竞争中冲突的次数。以上所有参数都与雌性黑猩猩的年龄呈正相关。所以说，雄性黑猩猩的注意力很少集中在年轻的雌性身上，后者在早期的性生活中具有较差的生育能力，没有当母亲和占领地的经验，这就是为什么她们第一个孩子的死亡率往往很高。

雄性更喜欢年长的雌性

一般来说，人类的男女情侣关系与黑猩猩不同：二十岁左右的年轻女性对男性表现出更强的性吸引力。研究表明，男性青睐的女性特征是大眼睛、低腰臀比、尖嗓子和小鼻子，即"幼态"，也就是儿童的特征（这一点也体现在漫画人物上）。男性选择年轻的女性，从而最大限度地增加了和她们孕育下一代的机会，还避免了供养前一段关系中的孩子。黑猩猩则与人类不同，雄性作为父亲并不会照料自己的孩子，因为他们有可能不认识自己的孩子（但这有待证实），而且雌性黑猩猩没有绝经期。除了埃利奥特和奇塔卡的关系略微具有排他性，在排卵期的雌性黑猩猩一般会和好几只雄性交配数十次。一些作者用进化论来解释这一现象：年长的雌性黑猩猩通常拥有较高的地位，表现出能够照顾好幼崽的优势，或者证明了自己基因的质量，因为她们活到高龄没有病亡，带领子孙摆脱捕食者和偷猎者说明足够聪明……总之，雄性黑猩猩的热情似乎不会被他们年老的伴侣所拥有的褶皱的皮肤、秃秃的头顶和下垂的乳房所阻挠！如果你是一位有点年纪的灵长类动物学家，你有时会开始想加入黑猩猩的社会……

第三章
塞比托利，一幅拼图

奥约和克莱奥

*

塞比托利

2018 年 1 月 19 日，6 点 10 分

　　我坐在离两位现场助理几米远的"魔法树"下，等待奥约和克莱奥醒来。这棵无花果树有着巨大的树干和高高的支柱根，为保护这片森林起到了不可替代的重要作用，其中还有一段故事。村民们说，这棵树（或者说扎根于此的树祖）抵挡住了前来修建穿林公路的意大利人。他们想砍掉它，于是这棵树制造了一起事故，阻止了他们，展现出它的生存意志，让意大利人放弃了砍伐。如今，虽然最初那棵"魔法树"已经死亡，但它的精神

和它的孩子仍然保护着森林不受侵犯。

村民们经常给它带去礼物。然而意大利人仍没有放弃修路计划，现在的公路距离"魔法树"只有几米远。如今，距离最初的故事发生已经将近一个世纪，这条公路不断翻新，而且还要扩建。目前，沥青已经被清除，公路变成了一道巨大的伤疤，上面覆盖着厚厚的红色尘土。今天早上，我感觉土地和树叶上干燥的灰尘拂过我的手臂，钻进我的鼻孔，把我的皮肤变得粗糙。

6点50分："哇哇吼！"响亮的叫声撕破了厚重的空气。奥约从他的巢穴里出来，有些恼火的样子，然后似乎平静了下来，背对着我们安静地坐下。

在这十分钟里，奥约几乎一动不动，我们在半明半暗中欣赏到了一团巨大的黑影。树叶动了动，他转过身，透过树枝看着我们。他是计划着控诉他的同胞吗？他是计划先花点时间醒醒神，然后像箭一样冲向他的早餐吗？我们永远不会知道黑猩猩在想什么。奥约突然开始翻滚，那种速度让我觉得他非常清楚接下来几分钟的安排和路线……额灯的光线艰难地穿过高密度的空气，灰尘的颗粒在我们眼前飞舞。我调整好覆在口鼻上的外科口罩。我们从公路开始施工就戴上了口罩，但这里的空气还是让我的喉咙发痒、双眼刺痛。我们没办法跟上奥约，因为什么都看不到，他也没有在这片红色的灌木丛中留下任何踪迹。我们仅仅走了几十米就被一层厚厚的灰尘覆盖，与无花果和树叶一样，从地面到树顶都是如此。我们回到公路上。一群狒狒看着我们从世界末日般的景象中走出来，顿时目瞪口呆，一动不动地盯着我们。他们也有红色的鼻子，厚厚的毛发没有平时那么灰。

这条公路是否会导致黑猩猩的栖息地出现分裂？塞比托利似乎有两块领地：一块在北部，埃利奥特是守护者；另一块在南部，奥约似乎是首领。南部有一些雌性有时会去北部，她们受到了雄性的热烈欢迎。这里也发生过暴力冲突，以两个群体迅速且嘈杂地撤回各自的领地告终……我们面对的是边界仍在变化的两个相邻社群呢，还是始终只有一个社群，但即将分裂成两个？我们似乎处在一个自己也搞不明白的动态过程中。今天，两只来自南边的黑猩猩——成年的雄性奥约和雌性克莱奥正在"边界"上睡觉。然而，根据普遍接受的科学数据，在相邻的社群附近睡觉是有危险的：一般来说是雄性会冒着风险，成群结队地进入这片"无人认领"的地区进行巡逻。他们尽可能地隐蔽，像在鸡蛋上行走一样，不发出声音也不耽搁停留。也许数量上的优势会让他们感到放心，这也使得他们不那么容易受到攻击。实际上，研究证明，如果他们在这些边界区域发出声音（这是很罕见的），那就是为了表现在数量上的优势，从而震慑邻居们。而现在的情况却是，一雄一雌两只黑猩猩在边界区过夜，还在醒来时发出喊叫，这只会让我们更加确定，我们是在和同一个社群打交道。

夜晚的盛宴

对于黑猩猩来说，一块领地等于一个社群、等于众多小群体。一般来说，研究人员确定领地边界的方式是跟踪那些负责保卫和巡逻领地的雄性，雄性这么做是为了避免"邻居"的入侵。在塞比托利，黑猩猩的北面、东面和西面都只有人类邻居，所以森林是黑猩猩的领地，田野则属于人类。然而事情并非这么简单。我们在最初几年的跟踪中发现，塞比托利的黑猩猩相当频繁地离开森林去吃人类种植的玉米。但他们是否知道这些田野是"境外"？黑猩猩的边界概念是否以植被的变化为标准？森林/田野的划分是否足以代表不同领地？塞比托利的黑猩猩是否会像大多数黑猩猩社群那样避开边界地区？

萨拉·博托拉米奥勒的地理论文与监测黑猩猩的移动有关。出乎意料的是，对黑猩猩的粪便、叫声以及我们团队与他们相遇的地点的测绘显示，他们并没有特别看重森林的中心区域，而是乐于在森林和公路的边缘进食和行动。[1] 我们也很好奇黑猩猩在这些地区的行为：他们是否警惕？是否惊慌？我们观察到的黑猩猩是雄性居多吗？他们是否再现了被其他黑猩猩包围时习惯性的巡逻行为？相机陷阱记录下的视频图像又一次显示出与我们预期相反的情况。巡逻并划定领地的黑猩猩群通常仅由成年雄性组成，而进入田野的黑猩猩包括年轻和年长的雌性，她们的孩子也会随行，有时甚至还有新生儿。录像片段表明她们的警惕性达到了顶峰。她们会先等待守田人离开去看护另一块地，然后溜进玉米地里。一些黑猩猩会爬到田野边的树上放哨，他们往往用双腿站立，以便更好地观察远处是否隐约可见人类的身影。只要有一个人影出现，他们就会跑回森林里躲起来。有时候人类会带上石头、砍刀甚至长矛，有时候是一群狗在追赶他们。但值得注意的是，塞比托利的黑猩猩已经改变了行动节奏，成了玉米地里的夜行高手。我们初步分析视频图像时发现，除了满月的时候，大多数突袭都发生在夜间。黑猩猩在这种情况下更加放松，我们观察到的警惕姿态和压力表现都更少。他们更有可能直接在玉米地里开吃，而不是悄悄溜回森林里再吃掉。这是我发表的研究成果中最喜欢的主题之一！[2]

抵抗区（ZAD[①]）

塞比托利的地势非常崎岖，植被过于茂密，因此我们无法二十四小时全天候地跟踪黑猩猩。而且，他们的

---

① 全称为"zone à défendre"，指反对者为了阻止某个项目的发展，在项目规划地区占据的区域。值得一提的是，项目规划区（zone d'aménagement différé）的缩写也是"ZAD"，后来被反对者化用，现在逐渐成为"抵抗区"的代名词。

社会系统决定了我们只能直接地观察到社群中非常小的一部分群体，且这个小群体也可能在一天中的任何时刻发生变化。为了更好地理解黑猩猩的行为和生态，以及他们如何利用森林，如何适应人类的存在和活动，我们采用了各种各样的互补的研究方法。比如收集粪便，在这方面我是超级专家（多么自豪!）；研究巢穴，黑猩猩每天晚上用交错的树枝搭建平台，舒舒服服地躺在厚厚的树叶层上过夜（巢穴的数量和位置）；分析相机陷阱的图像、对卫星图像进行地理分析、监测食物树，这些都能提供珍贵的数据。20世纪70年代，一些森林由于人类的过度开发而退化，之后树木重新生长，黑猩猩就特别喜欢在这些树上觅食。相比于"原始"的树木和森林区，他们更喜欢再生林里的树种，特别是无花果树。[3]他们还喜欢……公路的边缘!他们可能不是为了那里的热闹和喧嚣，也不是喜欢那里呛喉咙的废气、窒息的空气以及旅客扔掉的塑料瓶，而是想要品尝象草的茎。象草生长在人行道边上，维修部门为了保证电线正常使用，把这里的杂草都清理干净了。

我们对猩猩的认知渐渐完善。黑猩猩并不回避人类的活动，他们接受这件事，甚至在可行的情况下从中获益。如今，他们可以从玉米中获取热量，从象草茎中获取水分，在野生无花果树上觅食。然而五十年前，埃利奥特、奥约或者尼普顿的母亲们没有见过这样的景象，也没有如今这些可供选择的食物。但他们没有逃离这片人类生活和活动的区域，而是敢于探索冒险，让孩子们从她们那里了解到，可以把这些地方当作食物储藏室，但要格外保持警惕。在冒着黑气的铁怪物通过的缝隙中，象草渐渐生长，母亲们也逐渐熟悉了这一大片草本植物，并躲在地里大嚼特嚼。

不可思议的复原力

我们的调研数据对黑猩猩的未来至关重要。我们不能满足于保护"古老的"或者受政府保护的森林区域。如今，黑猩猩也常常生活在国家公园和保护区之外的森林碎片中，并与人类接触。如果我们能保持种群之间的通道，那么繁茂的再生林区可以让物种生存和接触，让种群间的个体和基因相互交流。因此，为了保护这些黑猩猩种群，我们还需要在保护区之外的地方采取行动。我们要完全投入到当地的社区服务上，保护树木和生物多样性对当地居民来说同样重要。我们不能让棕榈树、茶树、咖啡树和可可树吞噬和取代森林，也不能让森林开发者、采矿者和石油大亨以破坏环境为代价，满足我们对食物的贪欲，以及对手机、电脑和其他短寿命设备的疯狂消费。

与以往任何时候相比，塞比托利成了生物多样性的**热点**。尽管塞比托利由于森林开发而严重退化，被"人类景观"包围，还被沥青撕扯得破碎不堪，但这里也有成片的成熟森林和许多草本植被区。塞比托利是一幅拼图。这里始终是大量动物和植物物种的家园，面对人类造成的破坏，似乎具有不可思议的复原力……如果忽略掉偷猎以及更隐蔽的污染的威胁，黑猩猩肯定还能再在这里生活好些年。

第四章
完全不同

塞比托利

2013 年 6 月 12 日

今天早上，在一棵高大的阿林山榄树前，埃玛以为自己出现了幻觉……他从太阳升起就跟着的布查曼——一只左脚截肢的青年黑猩猩——分裂成了两只！两只体型相同、缺了左脚的黑猩猩正并排嚼着水果。之后，我们两次看到布查曼和他的"分身"待在同一棵树上，但又过了几个月，我们才有机会看清"布查曼二号"的相貌。不过，自从我看清了这个所谓的"分身"的脸，就再也不会把他和布查曼弄混了。那是一张奇怪的脸：畸形、扁平，鼻子是凹下去的。他的残肢也很不同，是圆形的，只到脚踝，而布查曼是有脚跟的。"分身"的毛发颜色比较浅，肩膀很窄，而布查曼有一张深色的大脸，

44

眼睛周围的颜色较浅，身材矮壮，毛发又黑又亮，几乎每一种特点都能区分他们。我们给这只凹鼻子的黑猩猩取名为阿拉贡，给那只经常跟他在一起的雌性黑猩猩取名为埃尔莎，以此纪念诗人路易·阿拉贡和埃尔莎·特里奥莱夫妇①。我们都被阿拉贡的残疾骗了，他肯定没有完全习惯我们的存在，所以我们也没有合适的机会看到他的特征。与库图和克姆奇一样，布查曼是我们最早跟踪的黑猩猩之一。不过，和库图不同，我们逐渐了解和跟踪他的过程并不平静。布查曼可能是在童年时掉进过陷阱，从而落下了残疾，他的残肢说明了一切。之后，我们在塞比托利开始"习惯化"的时候，他的同一条腿又一次受到了损伤。他痛苦的叫声撕裂了森林，让我们注意到了他的存在。后来，我们惊恐地发现他的残肢被套索勒住了。这个用自行车刹车线做成的陷阱被猎人巧妙地隐藏在植被中，现在正挂在布查曼的腿上。

　　我可以想象布查曼究竟经历了什么，就像许多生活在基巴莱的黑猩猩一样：或许那时他正在玩耍，或者和同龄的年轻黑猩猩一起无忧无虑地蹦蹦跳跳。突然，他发现自己被猛烈地向后拉扯。他用尽全身力气向下挣扎，

① 路易·阿拉贡（Louis Aragon，1897—1982）是法国超现实主义派作家、政治活动家。埃尔莎·特里奥莱（Elsa Triolet，1896—1970）出生于俄罗斯，是第一位被授予龚古尔文学奖的女作家。1939年，两人在巴黎结婚。

不让自己被像弹簧一样绷紧的树枝提起来。他惊慌失措，一定想起了几年前同一条腿上的剧烈疼痛。布查曼尖叫起来。他凭借年轻力壮的黑猩猩特有的力量把树枝弄弯，然后用尽全力拉动它。他的母亲佩内洛普在离他几米远的地方惊恐地吼叫着。他越拉，自行车刹车线越是勒紧他的身体，疼痛越是剧烈，他就越是恐慌。他和这个地狱般的装置斗争了许久，也许有几个小时，最终成功扯断了它。布查曼自由了，但套索紧紧地嵌在他的左腿上，已经割破了肉。被扯断的是树枝。他身后拖着三十厘米的细枝，细枝连着刹车线，勒着他的腿。他每走一步，树枝就会卡在茂密的植被中。他要上树的时候会拿住树枝以使减轻疼痛。即便他在好几天后终于成功地把树枝从刹车线上拽出来，但当长长的金属线被树枝和草叶缠住时，他在地上走的每一步都会给他带来巨大的痛苦。我们往往是通过他痛苦的叫喊和呻吟找到他的。他常常独自行动，且因为残疾而行动缓慢，我们成功对他进行了远距离跟踪。有几次，我们提醒公园管理局对布查曼进行麻醉。但是每当有队伍前去尝试解救他，他都会消失几天，有时甚至是几周。在那件事发生十五个月后的一天，他出现了，腿上已经没有那个套索了，这让我们大大松了一口气。

布查曼（Butchaman）这个名字源自他的残疾。助手们提议用乌干达雷鬼歌手布夏曼（Buchaman）的名字给他取名，这位歌手的左腿也比右腿短……不过出现了小错误的原因是，助手们在听电台时从来没有确认过歌手名字的拼写！至于阿拉贡，他性格温和沉静，对人类非常友好。即便我们因为没有看到他而朝他的方向迈出了多余的一小步，他也只是直起身子，或者发出一声小小的叹气，示意我们他的存在，而不像有些黑猩猩那样迅速地逃走！让米有很多阿拉贡的照片，虽然这个可怜的家伙并没有一张帅气的脸……

阿拉贡和布查曼是两只左脚截肢的、年轻的成年黑猩猩。在"习惯化"的最初几年，我们只能暗中瞥见他们的轮廓，所以总是把他们俩弄混。现在想想真是不可思议，毕竟他们的个性（还有面孔）是如此的不同。我们跟踪的黑猩猩除了有我们给他们起的名字，还有自己的脾气和个性。他们不是数字，赋予他们性格也不是将他们拟人化。阿拉贡和布查曼让我更好地理解了黑猩猩的情感，以及将黑猩猩们团结在一起的家庭和社会的纽带。

依恋与独立

如果说动物中是否存在"爱"值得商榷，那么"依恋"则是被普遍承认的。我们完全可以感知到不同物种之间的依恋，这一点毫无疑问。至少对那些和家养动物一起生活过的人来说，狗、猫、马对与他们共同生活的人类有感情是得到公认的。这种依恋远远超出了给予食物或提供庇护的关系，因为许多猫完全不需要人类提供的饭盆或住所就能生存。这种亲近可能不仅仅是为了弥补社会关系的缺失，因为即便是和同类一起生活的狗和马，也会对人类甚至其他物种的动物产生情感羁绊。在同一物种之间，母亲和孩子之间强烈的依恋是提供保护和传授技能的代名词，这一点可以在大多数哺乳动物断奶前观察到。然而对于黑猩猩来说，这种依恋关系持续的时间远超断奶期，直到成年为止。未成年的雌性和雄性黑猩猩大多仍与母亲非常亲近，尽管他们在八至十岁就已经自己做主，而且快要进入青春期了。有些未成年的黑猩猩会被诱惑着和成年雄性一起外出探险，但这种离家出走往往不会超过几个小时或几天。青春期是一道关卡，在这个时候，雄性和雌性黑猩猩的生活真正变得截然不同，我们可以看到他们的性格逐渐显现。

伍迪对独立的渴望早在青春期之前就开始了。从七八岁起，这只浅色面孔、发际线与眉弓齐平、肚子圆鼓鼓的小黑猩猩就和成年雄性一起出去闲逛了。起初我很担心，当我看到伍迪独自待着，就想知道他的母亲肯佐是不是出事了。当我只看到肯佐而没有看到伍迪时，又想知道为什么儿子不在她身边。后来，伍迪又有四五次这样的偷跑，我意识到这只年轻的雄性黑猩猩是早熟且独立的。渐渐地，胖乎乎的他减掉了肚子。必须要说，肯佐是一位相当放任的母亲。她允许她的孩子，甚至是年纪小的孩子在高大的树上游荡，允许他们和埃利奥特以及其他成年雄性一起冒险。相反，我想我从来没有遇到过格朗和他的母亲加尔波不在一起的情况。即便在格朗的小弟弟乔治出生之后，这只处在青春期的黑猩猩仍然跟着他的母亲。在相机陷阱拍摄下的所有片段中，我们都能看到格朗专心致志地沿着母亲的脚步行走。处在青春期的雌性黑猩猩会离开她们出生的区域或领地，到邻近的社群或领地定居，而雄性黑猩猩一生都会留在他们的出生地。我们花了很长时间，再加上遗传学的帮助，才明白布查曼和佩内洛普、奇塔卡和阿拉贡之间的关系。

在很长一段时间里，我们想要弄清楚这些形影不离的成年黑猩猩、这一对对奇怪的组合间的关系。他们花几个小时给对方梳洗清理，常常一起行动、并肩筑巢。但有一天，他们的基因说话了，消息来自索菲·拉福斯（Sophie Lafosse），她和我一起在人类博物馆①的遗传学实验室工作。她说："佩内洛普是布查曼的母亲，奇塔卡是阿拉贡的母亲……"我需要收集一些绝对确定来源的粪便样本来证实这件事。后来又经过好几个月的分析，我才真正相信她的话。所以，这些年轻的成年雄性黑猩

----

① 人类博物馆（Musée de l'Homme）是位于法国巴黎十六区的一座人类学博物馆。

猩大部分时间都和他们的母亲待在一起，就像我们人类的"唐吉"[1]那样？这当然和被保护的需要无关。虽然他们的残疾可能促成了与母亲更紧密的联系，但布查曼现在是塞比托利最强壮的雄性黑猩猩之一，阿拉贡的展示行为（display）已经成为传说。这种威吓对方的冲撞行为正是黑猩猩的独特之处。并且这种依恋不仅仅是孩子对父母的，而是相互的。这种持久的依恋是否和黑猩猩中并不存在真正的伴侣关系有关？母猫在哺乳变得疼痛时会推开她的孩子，而黑猩猩母亲则不会这么做，她甚至可以接受长大了的孩子吮吸她可能已经干瘪的乳房。公路南部一只名叫"戈里拉"的雌性黑猩猩甚至可以同时带着两只幼崽——三岁的幼崽在她背上，新生儿在她肚子上，尽管负担很重、行动艰难。对于人类来说，母性依恋的形象会在青春期后逐渐被对配偶的依恋所取代。但在与我们血缘最近的物种黑猩猩的雄性之中，这种依恋一直存在。雌性黑猩猩则与孩子有着非常强烈的依恋关系。

青春期的动荡

和大多数动物一样，黑猩猩的青春期是一个关键时期。在此期间，雌性和雄性的生活轨迹呈现出截然不同的方向……黑猩猩有三年的童年期，等少年期结束后，在十岁左右进入青春期，十五岁左右成年。与人类及其他动物一样，黑猩猩在这几年会经历身体外部特征和内部激素的变化，还有认知、社会和空间的变化。雄性尤其需要在他们的阶级制度中获得地位，这一地位可能受到家庭历史的影响，比如他的母亲和哥哥们的社会地位，总之大多依托于他出生就认识的个体的地位。对于远离家庭的雌性黑猩猩来说，她新加入的社群在社会层面上是未知的，她要面临的新环境也是如此。

　　黑猩猩的身体在青春期会发生变化：臀部的白色绒毛脱落，更重要的是，生长发育达到高峰，且肌肉质量增加。这一时期又一次凸显了黑猩猩与人类惊人相近的特征：激素（DHEA：去氢表雄酮）随时间变化的产量在黑猩猩和人类这两个物种中极其相似，但与其他灵长类动物不同，包括大猩猩，在他们身上没有发现 DHEA 水平与年龄的相关性。这种分子被认为具有对抗人类衰老影响的作用，因此可能以同样的方式作用于黑猩猩和人类的肌体，但在其他灵长类动物，甚至大猩猩身上都是没有的……

新视野、新文化、新伙伴

　　处于青春期的雌性黑猩猩要经历身体外表、内部激素、社会地位以及活动空间的重大变化。作为移民，她需要熟悉新的领地，在那里找到果树，还要学会确定边界和危险位置。她会遇到在这片领地上生活的社群，也就是几十只陌生的黑猩猩（根据最新数据，数量在十二只到二百只之间），她也许会"忘记"那些和她一同长大的伙伴，当然也会学习新的文化。不过我个人认为，雌性黑猩猩不太可能忘记她们的童年伙伴。许多轶事表明，即使是在分别多年后，黑猩猩也能认出他们小时候认识的人类……那么他们怎么会忘记自己的亲人呢？但我们永远也不会知道野生雌性黑猩猩的情况是否如此，因为她们中的大多数一辈子都不会再见到她们的母亲、父亲和其他亲戚。

一只雌性黑猩猩有可能诞生在一个忽视蚂蚁的社群，后来迁移到一个新的群体，她的新伙伴是能胜任用棍子钓昆虫这种精细活的专家……他们的文化也不仅仅基于物质和食物：在两个相邻的社群中，追求雌性的方式也可能有所不同。在塞比托利，雄性黑猩猩摘下树叶，用嘴唇把树叶撕成碎屑，我从未在相邻的坎亚瓦拉黑猩猩身上观察到这种行为。从坎亚瓦拉迁来的雌性必须理解这个信号的含义才能作出反应！黑猩猩是如何学会这些行为，如何获取这些知识的？我们还没有明确的答案。此外，我们观察到相邻的社群有不同的惯例，且同一栖息地的同一种群中没有出现同质化。既然处于青春期的雌性迁移到了一个新的群体，那么她们需要熟悉并遵循这些已经系统化和标准化的惯例，尽可能地融入她们的新社群。雄性黑猩猩则是这些传统惯例的守卫者。所以说，黑猩猩的学习过程，尤其是雌性黑猩猩，并不局限于童年时期。我们还发现，在食用不常见的药用植物时，领头的往往是成年的黑猩猩，雄性或雌性都有可能，年龄在三十岁左右。[2] 因此，从童年到成年，雌性黑猩猩可能要经历很长的学习时间，才能获得对新栖息地和新同伴的可靠认识。

对于新来的雌性成员来说，她们的性行为有类似护照的作用，能够让她们遇到那些成年的雄性，并在未来和他们共度生命中的大部分时间。因此，一般只有在经历两年以上不孕的青春期之后，年轻的雌性才会怀上第一个孩子：在这期间，她的生殖器官几乎一直是肿胀的，方便她接近她刚刚加入的社群里的雄性，并在常驻的年长雌性试图赶走她时获得雄性的保护，并由雄性陪伴着探索新领地。由于没有孩子的陪伴，处于青春期的雌性黑猩猩能够跟上成年雄性（尤其是雄性首领）魔鬼般的步伐……这可不容易！有一件事是确定的：现在我们根本不知道是什么促使年轻雌性离开她们的出生地。是个人的选择吗？她们是被迫的吗？她们是被外来的雄性绑架了吗？她们有可能回到原来的社群吗？谜团丝毫没有解开。还有太多东西等着我们挖掘……

作为雄性首领……（以及作为跟踪雄性首领的研究员！）

*

塞比托利

2018 年 7 月 12 日

现在是 13 点 05 分……这是令人精疲力竭又兴奋不已的一天中的第二次休息。清晨 4 点 15 分的闹铃开启了这一天。昨天晚上，助手们快 22 点才回来：黑猩猩处在领地的最西北边，在样线之外的 A1 方向，靠近玉米地。不过，助手们在 20 点过后离开时，他们还没有搭窝筑巢。我们凌晨 5 点 15 分离开研究站，行军一小时二十分钟后到达塞比托利的北部领地，接着穿过山谷底部满是臭水的泥塘和一个桉树种植园，最终抵达了昨天晚上 GPS 点对应的地方。我像风标一样转过身，抬头望向树枝，凝视着最轻微的颤动。但树木一动不动，森林似乎太安静了。到了 7 点 20 分，结果水落石出……响亮的叫声提醒了我们，黑猩猩没有前往邻近的玉米地，而是朝着森林的中心地带走去，离我们已经超过五百米远了。我们真的要抓紧时间了，争取在被彻底甩掉之前赶上他们。随后，埃玛展示了令人叹为观止的追踪技巧，把我们带到了 C5 生活区的中心。

埃利奥特就在那里，他静静地坐在一根不算太高的树枝上。非常鲜明的对比：我看着满头大汗的埃玛，努力平复我的呼吸，思绪飘向跑步训练……如果想跟上我们的黑猩猩表亲，我必须得认真加强训练！思绪回到当下，我问助手们："不吃饭，准备走？"埃利奥特似乎赞同我的想法，他迅速地扫了一眼他所在的树枝下方几米处三个汗流浃背、气喘吁吁的人类，然后冲下树，向前走了几步，在旁边一棵树的树干上敲敲打打，暗示他将继续前进。他巨大的身影已经消失在茂密的灌木丛中了，但我们确信他还没有走远……他在社群中的地位使得我们即便看不到他，也能跟上他，这要归功于所有黑猩猩朝他打招呼时发出的喘呼声（轻轻喘息的低呼声）……他那惊人的能量是从哪儿来的？是他晚上吃的玉米吗？他在几小时前摄入的热量很可能与激烈的活动不无关系，因为初期数据显示，埃利奥特行走的距离是我们同事观察到的其他社群的雄性黑猩猩的两倍以上。然而，埃利奥特并不年轻，他肯定已经满三十岁了，而且他至少当了十年的首领，因为从我们刚来这里就知道他是雄性领袖。也许正是这种活力和精力让他能够拜访社群里的众多成员，并始终获得他们的支持。

14 点了，我们甚至没时间停下来吃个午饭，就要和下午的队伍交接：我们已经走了十四公里，还需要再走四个小时才能返回研究站。我的两条腿很重，橡胶靴里的脚火烧火燎，衬衫也湿透了……我们离开了活力十足的埃利奥特，他也踏上了返程，朝着我们上午所在的玉米地走去！森林的这一边没有什么令他满意的水果，还是去造访人类的庄稼，才能保证今天的晚饭……在回去的路上，我抱怨着这只雄性首领的好动，不知道十年或者十五年后的自己该如何跟上这些肌肉发达的家伙……

　　一回到研究站，我的体力就耗尽了。我坐在露台上，面朝营地，享受一片非常新鲜的菠萝，思考着埃利奥特身后吵闹的队伍。待在首领的位置上意味着每时每刻保持身体健康和精力充沛，对他人热情，并尽可能频繁地与更多的成员接触，代价则是经常要在短短几小时内跑遍整个领地，还要对重要区域进行最优化管理，以便在最佳时间找到最好的资源，并给同胞们带路……这种模式是我们这一物种难以遵循的：平衡个人健康与社会生活，所有一切都与环境和谐相处！

第五章
不可思议的做法

黑猩猩的文化

人类渴望主宰自然，试图用自身的独特性描述自己这一物种。在相似和相异的游戏中，似乎只有差异——几乎全是那些表明人类比其他生物优越的差异——被保留了下来。相比指出人类在动物界的立足点，并将其描述为脊椎动物—哺乳动物—灵长类动物，描绘"人类的特性"更能激励研究人员。然而，这种独特性和优越性渐渐被解构了：和人类一样，黑猩猩也会笑，也有同情心，会制造和使用工具，拥有物质和非物质的文化。而且黑猩猩也不是唯一拥有文化和方言并能将其传播的动物。在海底、树枝上或者水流中，鲸（海豚和抹香鲸）、鸟类和水獭都会使用工具、发展文化，并能通过叫声或气泡交流信息。

黑猩猩的特别之处或许在于，他们为了满足进食、治疗、求爱、清洁、扇风、嘴馋、炫耀、打斗等各种各样的需求，会使用种类繁多的工具：小棍、签子、海绵、敷布、棉签、苍蝇拍、扇子、锤子、铁砧、楔子、木棒、长矛、纸屑……而这些只不过是黑猩猩的一小部分"工具"。尽管这些东西都是出于他们的需求、处境和愿望，在几秒钟或者几分钟之内制作出来或者收集到的，但在此之前，他们会花时间仔细观察社群里的"知情者"。让我产生好奇并投入大量研究的行为之一是黑猩猩对药用物质的使用。黑猩猩是否会利用环境中的植物以及其他天然物质进行自我药疗？如果会，那他们的"药房"里有什么？

野胡椒花和树叶敷布……

*

塞比托利

2017 年 1 月 18 日，8 点 20 分

我们确定，这只左耳有洞、臀部肿胀，且处于青春期的雌性黑猩猩是新来的成员。我们都很兴奋，但还是集中注意力观察并试图把她描述出来。布查曼、米斯卡、于利斯、克姆奇、阿拉贡、昂塔布和她的互动也很有趣。年纪大的无动于衷，年轻的如克姆奇和昂塔布则尝试满

怀爱意地接近她。我们没有太注意于利斯的喘呼声，那似乎是在宣告着埃利奥特的到来。我看到埃利奥特突然出现，并爬上离我们几米远的倒下的树干，这一幕把我惊呆了，但当时我不知道原因：他一边吼叫着，一边迈着双腿冲撞过来，接着布查曼和于利斯作出了反应，他们纠缠在一起，也非常激动。没过多久奇塔卡就过来了，她倒是很平静。

过了一会儿，我明白刚才令我吃惊的是什么了：埃利奥特在那根倒下的树干上用双足行走了很长时间。他至少直立着走了十五米，但没有像那些想震慑住别人的雄性那样在身后拖点什么。他走得很快，非常暴躁的样子。其他黑猩猩则显得有些担心，从那两只雄性纠缠在一起的表现就可以看出一二。埃利奥特现在藏在离我们约十五米远的植被中。我缓慢向他靠近。不出几秒钟，我就明白了，眼前的场景令我喉咙和胸口发紧。他盯着自己的手，然后迅速地扫了我一眼。他的手指除拇指外都肿了起来，金属电线捆得非常紧，导致他的中指隐在其他手指后面看不见了。他永远无法靠自己的力量挣脱电线，手指上的肉已经被切开，我甚至能看到伤口。他把受伤的手按在胸口，让手的位置高于肘部。一定是他放下手时失血的疼痛迫使他保持这个姿势的。更糟糕的是，电线除了套索的部分还有很长一段。这意味着埃利奥特行动时可能会被树枝和草叶卡住。我给布东戈森林的乌干达兽医卡罗琳打电话，问她能否马上过来帮忙，能否试着让埃利奥特睡着，然后取下电线。

我立刻向助手们发出指示：我们必须紧紧盯着埃利奥特，想尽一切办法不让他离开我们的视线。现在他的手很痛，可能不愿意爬树，总是躲在灌木丛里，我们很难确定他的位置。我们刚在地面上看到他，他就消失了。不过，那只有"耳洞"的年轻漂亮的新成员则无处不在，非常活跃。我们决定叫她夏奇拉。等一会儿再高兴吧，我们的团队现在十分难过和担忧。我为自己与那些造成这种痛苦的人同属一个物种而感到内疚。

"埃利奥特很痛吗？"助手们问我。一个变弱的雄性首领会怎样？作为一个优秀、随和、公正且不好斗的领袖，埃利奥特的统治会就此结束吗？这条该死的电线在社群社会中意味着什么？我们为了得到他的信任做了那么多努力，但现在的埃利奥特变得非常惊恐，一瞥见我们就逃走了。是因为他觉得自己会被攻击，还是因为他在中圈套之前曾被人类追赶，所以把我们这个物种的代表的存在与他所感受到的痛苦联系在一起了？

2017 年 1 月 19 日

我们从埃利奥特醒来便跟着他。早上 8 点，他爬上一棵果实累累的树，我把一个塑料袋（冷冻袋类型，我每次出野外任务都会带上一些存货，因为乌干达为了防止污染禁止售卖塑料袋）绑在一根修剪成大约两米长的秃树枝的末端，然后把这个尿液收集器拿在手里。

8点30分，胜利：一听到埃利奥特下方的树叶上有尿液滴落的声音，我就"猛冲"过去（尽最大可能小心翼翼地……对，"安静地冲刺"是和黑猩猩在一起必须拥有的另一项能力！），水平地举着捕蝶网一样的树枝，试图让尿液滴落在塑料袋的表面。接着，我无比小心地把收集器放到地上，拿出吸量管吸取了几滴——做一次尿检足够了。结果让我放下心来：除了轻微的尿路感染，其他指标都是正常的。而且，尽管今天上下树对他来说有些困难，他还是爬上了几棵野生无花果树进食。

下午，我回到研究站迎接布东戈的两位兽医：卡罗琳和安德鲁。埃利奥特睡得很早：18点15分。当我和卡罗琳与团队会合，准备评估情况以及第二天早上在他醒来时进行麻醉的可能性时，他已经在窝里安顿下来了。他的窝不太高，用枪进行皮下注射是可行的，而且他所在的树上没有其他黑猩猩，不会阻挠计划。应该值得一试。

2017 年 1 月 20 日、21 日

我们太自信了……地狱般的两天接踵而至，人类和

黑猩猩都很紧张。我们无法确定埃利奥特的位置，他完全明白我们在筹划什么……可惜，埃利奥特从巢穴出来的时候，我们射出的第一支箭插在了离他背部几厘米远的树干上。他没怎么被吓到，但立即朝我们的反方向跑掉了。当我和助手们与黑猩猩在一起的时候，似乎一切都有可能。我能接近埃利奥特，他也没有表现出不信任。卡罗琳和安德鲁一来，捉迷藏的游戏就开始了。埃利奥特尽可能地远离我们，只要我们与他的距离小于三十米，他就会离开或者冲下树。

2017 年 1 月 23 日

类似的情况重复了十几次，卡罗琳和安德鲁疲倦地离开了。埃利奥特变回了那个中圈套前和我们在一起时的安静的首领。他似乎想表明，尽管疼痛难忍（他一直把手臂紧紧地贴在胸前），但他的骄傲毫发无损。他冲撞雨果。米斯卡跑向他，大声地叫喊着跟他打招呼。接下来是清理毛发的环节，埃利奥特先是和尼普顿相互梳毛，然后和布查曼，最后那两只再互相帮忙。埃利奥特的伙伴们非常仔细地检查了他的毛发以及他身上除了受伤的手和手臂之外的其他地方。

13 点 15 分，埃利奥特在吃大胡椒的花，我从来没有见过坎亚瓦拉的黑猩猩食用这种野生胡椒。在科特迪瓦[1]，这种植物的煎剂被用于治疗血流相关的疾病（月经不调或伴有咳血的呼吸道疾病），在中非共和国被用作灭菌剂和愈合药，在马达加斯加和毛里求斯岛，这种植物在克里奥尔语中被称作"万能膏"[2]，在加蓬则用于治疗割礼的伤口[3]。人类男性受伤时也使用这种植物，这是巧合，是吃错了，还是一种自我药疗的方式？

14点15分，埃利奥特看着自己的手，检查完伤口后摘下鱼尾山马茶的叶子，小心翼翼地贴在手指上。他将叶子放进嘴里，然后在伤口处涂了涂，这样重复了两次，才把叶子轻轻地敷在手指上。我之前见过黑猩猩清理伤口，所以并没有对这种举动感到惊讶，但我从未见过他们使用这种植物。我查看了药用植物数据库"PRELUDE"，发现只有 J. O. 科夸罗（J. O. Kokwaro）于1987年在柏林举行的一次会议的记录中，描述了该植物的一个用途：可以将该树叶的汁液涂抹在伤口、切口和创痕处，肯尼亚医学中有记载。老实说，我惊呆了：我第一次也是唯一一次观察到这种叶子的用途，且恰好与传统医学中的记载相对应，这让我更加坚定了自己的分析和结论，也让我非常着迷。我继续记录着埃利奥特将手肘放到膝盖上所使用的镇痛姿势，以及他吃下的多种天然物质。这种观察让我能够从之前从未研究过的植物中发现对抗疟疾病原体、消化道寄生虫或者癌细胞的活性分子。

直到一年后，可怜的埃利奥特才终于摆脱了那条该死的电线。2017年7月，我们再次尝试让他入睡并替他除去电线，但还是失败了。也许是被铁锈腐蚀了，电线终于自行脱落了。埃利奥特保住了手指，但他的手指仍然很僵硬，且难以灵活地进行精确抓取，比如抓住小水果，或者在清理虱子时捉住同伴皮毛中的小颗粒……而且当他在地面行走时，他很难实现黑猩猩标志性的指背行走：他的手指折向掌中，要么用手背，有时甚至用手腕撑在地上。

黑猩猩会自我治疗吗？

这个问题已经困扰了我二十多年。我在刚果完成兽医学习之后，让-米歇尔和我花了五个月的时间与六只由人类抚养并放回森林的黑猩猩孤儿待在一起。我们的任务是确保他们在我们不提供食物、没有人工干预的情况下生存下来。我们盘点了他们食用的植物，现场助理们注意到，其中一些植物出现在村里的传统医生为治疗各种疾病所开的药方里。这种饮食习惯引起了我的兴趣，于是我开始寻找有关黑猩猩治疗行为的出版物。我找到了理查德·兰厄姆的一篇文章，文中提到，黑猩猩会食用粗糙的树叶来驱虫。[4] 还有米卡埃尔·霍夫曼（Mikael Huffman）在研究中提出，一只黑猩猩食用了具有抗寄生虫功效的扁桃斑鸠菊的苦茎[5]……我激动的点在于，黑猩猩会利用他们环境中的植物的机械特性（叶片布满小毛）和化学特性（茎带有苦味）！我很高兴能够通过这二十年的工作推动知识的发展，并在多门学科之间形成对话：生态学、化学、药剂学和生物学！在这一点上，我最好的导师是马科库和基利米。

马科库的药方

马科库是一只年轻的成年雄性黑猩猩。一天早上，他一瘸一拐地和群体里的其他成员一起走了过来。其他黑猩猩都迅速爬上附近的无花果树，胃口大好地呼噜着，马科库却待在地上。他没有吃东西，而是躺了下来。两个小时后，其他黑猩猩从树上下来后离开了，马科库仍然一动不动。我决定了，他就是我今天的观察对象，让助手们和让-米歇尔去跟踪其他成员吧。马科库整个早上都昏昏欲睡，我一般不会冒着迷路的风险独自跟着他。跟踪除他之外的群体成员，可以比较他与同伴在同一时间的进食和行为。不到一小时，他站起来，艰难地在高高的草丛里走了几步，脚几乎没有碰到过地面。他走向一株我不认识的灌木，折弯它的茎，摘下一些浅绿色的嫩叶，大概有二十多片。然后他又平躺下来，眼睛半睁半闭，下嘴唇耷拉着，这是马科库特有的放松姿势。两小时后，他走开了几步，腾出了小灌木旁边的地方，他刚刚吃过那株灌木的叶子。我冲过去，尝了尝他留在这株可怜的植物上的一片浅绿色的叶子。然而我刚把它放进嘴里，就感受到一股强烈的苦味侵入味蕾，我立刻吐出了吃进去的那一小口。而马科库走了几步又开始吃那些恶心的叶子……我立刻给叶子画了一张速写，取了一个 GPS 点，打算第二天过来收集。马科库那一整天只吃了这些叶子。第二天，他似乎更加警觉。我们跟着他，发现他恢复了和同伴类似的正常饮食。他走路也不怎么跛了。至于那些苦树叶，已经跟踪黑猩猩近十年的助手们没有一个认识这个品种。我做了三个植物标本集（一个给国家自然历史博物馆，一个给麦克雷雷大学的植物研究处，一个留给自己……），并收集了近一千克的新鲜树叶，在用通风的蚊帐精心改良成的"架子"上把它们晒干。

抗疟之路

我回到法国，苦叶提取物的分析结果非常惊人。这种叶子对恶性疟原虫非常有效，恶性疟原虫是导致疟疾的寄生虫。我带回来的标本集也具有丰富的教学意义。与博物馆里大型植物标本的对比证实了苦叶的学名是 *Trichilia rubescens*，在基巴莱植物名录上没有出现过这种植物。可能是之前的研究中出现了鉴别错误……这种植物因其镇痛特性在东非闻名，这可能就是马科库选择吃它来缓解疼痛的原因。我在实验室待了几个月，并在之后去基巴莱的任务中又采集了两次这种叶子，最后成功分离并识别出两个新的分子，它们在苦叶中存在的数量非常少，却担起了镇痛这项非凡的特性。这些分子对已经产生抗药性的疟疾菌株有活性，甚至比参考标准还要高。我们将它们命名为"trichirubines A 和 B"，并公开发表了研究结论。我们非常自豪能够发现自然界的小奇迹[6]，感谢马科库！

然而我远远没有想到，这只是疟疾领域中漫长冒险的开端……这些发现引发了我的兴趣。马科库一瘸一拐，正是这件事提醒了我，他的身体状况很糟糕。但这种虚弱的状态是因为疼痛还是发烧？无论如何，Trichilia[1] 在该地区被用作镇痛药，这种特性是有益的，因为对于人类来说，扭伤和疟疾都会伴随着剧烈的头疼和肌肉疼痛。基巴莱的黑猩猩是否感染了疟疾？食用苦叶是一种偶然，还是因为我们之前从未注意过？

安静的夜晚

我开始对苦叶的食用情况进行细致的研究，发现这种从小灌木上采集到的叶子的摄入情况并非罕见。没有什么比这件事更能激起我的好奇了。我的同事们持怀疑态度：基巴莱的黑猩猩生活在海拔一千五百米的地方，

---

① 原文为 Trichilia，未找到准确中文译名，待补，暂译为苦叶，下同。

当夜间温度达到十二或十三摄氏度时，感染疟疾的可能性很小，因为这不是蚊子传播疟疾的最佳环境。蚊子更喜欢低海拔地区湿热的地方……

于是，我们开始进行一个不可思议的项目：收集疟疾的潜在媒介——雌性按蚊，并尝试从黑猩猩身上采集血液。我的同事让-夏尔·甘蒂埃（Jean-Charles Gantier）来自沙特奈-马拉布里①药学系，他为我制作了一个配有复印机马达的捕蚊器，可以将蚊子吸进蚊帐做成的圆筒里。我们在里面放了发光二极管来吸引虫子，还放了一根管子，连着装满糖和酵母的瓶子，通过释放二氧化碳来模仿动物的呼吸和体味……其实还有一个方法，那就是放置脏袜子，但我们没有采用，一是避免野外用袜子的不必要消耗，二是尊重睡在旁边的可怜黑猩猩！因为夜晚的时候，我们要在雌性按蚊寻找血液大餐的时候把陷阱放在黑猩猩的旁边……我们准备了一个弹弓和一块拴着鱼线的小石子，并把小石子扔到黑猩猩筑巢的树枝上。接着，我们松开石子，把用来吊起捕蚊器的绳子系到鱼线上。我们必须尽可能精准无误且轻手轻脚地完成这些工作，以免把黑猩猩吓跑……这些工作需要在黄昏时分进行，要等到黑猩猩舒服地安顿在用树枝和树叶搭

① 沙特奈-马拉布里（Châtenay-Malabry）是研究型大学巴黎-萨克雷大学（Université Paris-Saclay）药学系所在地，位于法国巴黎。

成的平台上才行，要不是如此，这一切都会变得非常容易。经过几天的强化训练，我们的助手之一罗纳德出色地完成了所有工作，他不仅成了设置捕蚊器的专家，能在离黑猩猩几米远的地方布好装置且不打扰他们，还能在早上取下捕蚊器时，在网中所有的昆虫中辨认出雌性按蚊！我们把这些装置放在黑猩猩睡觉的树上（离地面两米高），还放在沼泽地里、黑猩猩筑巢前在树上进食的最后地点以及村庄里。

我们比较了收集到的雌性按蚊的数量和所属种类，结果令人吃惊。无论是从区域的海拔还是树上的高度来看，黑猩猩都会选在蚊子最少的地方筑巢。[7] 这些按蚊的多样性也让我们产生了好奇：这些蚊子真的是传播疟疾的媒介吗？如果是，那么黑猩猩会被感染吗？三滴血就可以消除疑虑！我们凭借极大的耐心，成功地从野生黑猩猩的身上获得了珍贵的血液样本：一只雌性黑猩猩死了，我在她的尸检过程中收集到了血液；两只黑猩猩打架，几滴珍贵的液体落在他们下方的树叶上；甚至，我们让一只雌性黑猩猩睡着，帮她取下圈套，就可以采集到血样。结论：坎亚瓦拉的黑猩猩确实感染了疟原虫，且疟原虫的种类很多，有两种我们都不认识，甚至从未有过记载！他们的寄生虫负荷（一定体积的血液中寄生虫的数量）很低，这就解释了为什么我们几乎没有发现过黑猩猩感染疟疾的任何症状。[8]

最后，我们继续调查黑猩猩食用的植物，发现了近二十种具有抗疟活性的植物。[9]人类反复使用单一的分子进行治疗容易产生抗药性，黑猩猩则交替使用含有具有抗疟特性的物质的不同植物，避免出现抗药性的影响，而且这种方法可能不仅有治疗效果，还能起到预防作用。请注意，我并不是说黑猩猩具有自我药疗的意识，更不是说他们把食用植物当作一种预防措施，但我认为，寻找和食用苦味叶子对每只黑猩猩来说都是家常便饭。这有点像我们在缺乏某种营养时，会对某些食物产生渴望（比如缺镁时想吃杏仁），而营养一旦得到补充，渴望就随之停止了。

基利米和驱虫药

基利米是一只七八岁的年轻雌性黑猩猩。在过去的三天里，我始终跟着她，因为她的粪便中含有大量消化道寄生虫，并且她交替地患有腹泻和便秘。我看到她用小小的手臂（嗯，一切都是相对的，她的手臂已经比我的长很多了！）紧紧地抱住一棵大苞合欢的树干，竭力啃着树皮。她的母亲乌坦巴和兄弟姐妹们在几米远的地方看着她，没有一个群体成员模仿她的行为。我询问助手们得知，这种树皮在当地用于治疗胃痛和腹胀。由于肠道蠕虫的存在，基利米可能会有胃痛和腹胀的感觉。两天后，这只年轻黑猩猩的粪便中一点寄生虫都没有了。

这些树皮让我忙得不可开交。我花了一年多的时间让它们吐露自身的秘密。它们确实能杀死肠道蠕虫，但活性物质是皂素。虽然当时我在一个专门研究这些分子的实验室做博士后培训，但分离和鉴定工作还是非常艰难。提取物会产生泡沫，因此必须经过冷冻和解冻处理以减少泡沫的影响。而且分子由糖链组成（单糖碳水化合物，如葡萄糖或果糖），必须确定糖的顺序，不过最后我还是成功分离并识别出新的分子，它们对寄生虫和癌细胞都有活性反应。可惜的是，它们过于复杂，无法在实验室里合成。但研究其分子结构和功能之间的关系有助于推动新药的探索。[10]

这两个例子表明，跟踪生病的黑猩猩可以让我们为人类医学发现前所未有的、全新的、有用的分子。这两个例子还特别展现了（就个人而言，这也是最激励我的地方）黑猩猩与他们所在的环境和谐相处，并将其中不可思议的特性加以合理利用。当然，很多物种可能也重视这些资源，但黑猩猩具有高度发达的记忆力、好奇心和社会性，他们的药典里可能包含了比其他动物更广泛的植物，而且他们有可能会相互传授这些植物的用途。

我不断探索黑猩猩、植物和病原体之间的紧密联系，在此期间有无数疑惑，为了找到这些问题的答案，我们需要在十年或者二十年后再相聚：黑猩猩是如何选择这些植物的？他们为什么不为同伴治疗？他们是如何发现这些植物的益处和用途的？他们如何辨别植物？他们如何传授知识？

还有一个问题折磨着我：塞比托利的黑猩猩在食用猎物的肉时一同咀嚼的叶子也有强烈且特殊的味道。这些叶子并不是食物，却往往是植物中具有生物活性的部分。为什么会有这种关联？

黑猩猩不喜欢吃肉吗？

为了尝试理解野生黑猩猩采摘树叶并与猎物的肉和内脏一同咀嚼这一行为，我们决定问问法国的黑猩猩，他们来自法国南部的锡让非洲保护区（Réserve africaine de Sigean）。

*

锡让

2018 年 2 月 28 日

早上 6 点左右，我从巴黎出发，坐了五个小时的火车后在纳博讷站（Gare de Narbonne）见到了锡让黑猩猩的负责人利纳，她很年轻。差不多一小时后，我终于进入了黑猩猩的"住宅"。这个二月的早晨很寒冷，利纳告诉我，黑猩猩们都在室内。我们上了一层楼，到达休息厅。利纳询问我是否需要一杯咖啡，这时，我感觉到一道执着的目光。我转过身。在窗户的另一边，黑猩猩们正注视着我们，平静地、专注地，可能是对人类群体中的新人感到好奇。黑猩猩从室内可以直接看到工作人员聚在一起休息、聊天、吃零食，反之亦然。他们有很多互动。这与塞比托利黑猩猩和人类的关系完全相反。在这里，人类和黑猩猩之间的交流刺激了后者，为他们提供了消遣，丰富了他们的日常生活。下雨了，像是雨夹雪。黑猩猩今天不会外出了。我们准备了很久的实验包括给他们吃成块或切碎的生牛肉，配上各种各样的叶子：有香味的、粗糙的、药用的。我们可以通过这些实验检验之前的假设：叶子是掩盖了味道，并使咀嚼更容易，还是降低了寄生虫或者细菌中毒的风险。然而大大出乎我们的预料：黑猩猩根本不吃这些肉。另一部分实验要给他们吃黄粉虫。而我们又一次"惨痛地"失败了！

2018 年 4 月 20 日

在最初几天的实验中，黑猩猩似乎真的无视了我们的提议。后来，有一只黑猩猩开始观察虫子，但不碰它们。之后，他大着胆子尝了一个，接着就喜欢上了这种味道。最终，大约两个月以后，大多数黑猩猩都吃了虫子，但没有配着叶子，而且没有一只黑猩猩愿意吃上一丁点儿牛排。也几乎没有一条舌头愿意在我们有名的鞑靼菜①里停留一秒钟！

这些实验表明，黑猩猩通常拒绝吃不熟悉的食物（据说他们有"食物恐新症"），但是这种选择性并非对所有食物都那么严格。生冷的牛肉一直提不起他们的兴趣，虽然那些活蹦乱跳的虫子最后被吃掉了，但是……没有配着叶子一起。在自然界，黑猩猩不是食腐动物。他们只吃自己亲手杀死的猎物，也可能选择捕食身体健康的猎物。至于那些活的虫子，锡让的黑猩猩可以对其进行评估，确保他们的"猎物"是活着的。但他们没有办法评估吃牛肉的风险。在这种情况下，甚至没有黑猩猩愿意尝试食用具有药用价值的叶子来减轻吃牛肉的风险。

黑猩猩的原始厨房

黑猩猩当然掌握不了火候，但烹饪不只是把食物烧熟，还包括准备和配制食物。而我坚信黑猩猩也有一些基本技能，因为他们没有满足于大自然提供的生食。他们有许多非常有趣的饮食习惯：这一切都要从系统地观

---

① 鞑靼菜（tartare）指用切碎的牛肉佐以各种生食调味料制作而成的法国菜。

察苦叶的食用情况开始。我注意到，黑猩猩经常在吃完这种叶子后立刻食用红土。而且这些红土也不是他们随手抓来的。他们从一些倒下的树根之间迅速地分出一小块土，几乎不够一把。因此，这一小块土总是出自几十厘米深的土壤，里面没有腐殖土或石块。我询问村民和传统医生，他们说："怎么会问出这种问题！红土当然有它的特性：可以治疗腹泻，减轻孕妇的胃痛！"我决定在实验室模拟黑猩猩食用苦叶和土壤后消化道系统可能出现的情况，以此确定土壤的成分，将其与传统医生使用的土壤成分进行比较。这两种土壤是一致的：人类和黑猩猩都吞下了等量的"考普克特"（Kaopectate），一种可以有效治疗腹泻和胃灼热的小袋装消化药。我重组了胃液和肠液，让准备好的系统单独和混合地"消化"叶子和土壤。就在这时，巨大的惊喜降临了。

第一份成功：根据我的方案，单独"消化"的叶子的抗疟活性不如用传统化学溶剂获得的提取物强，但其活性依然显著。这让我们得出结论，苦叶参与了对抗寄生虫感染的斗争。第二份成功：这个方案没有发现土壤本身有活性，但是土壤与叶子的混合物对疟疾病原体的活性比叶子本身高得多！也就是说，这种组合增强了植物药品的有效性。当然，这并不意味着黑猩猩能够意识到这种作用，但他们肯定已经感受到了这种混合物的好处，所以才定期食用它。土壤可能有助于减轻苦叶太过浓烈的苦味，覆盖胃黏膜，缓解胃灼热。随着保健效果的增强，这种做法在社群中流行起来，成了黑猩猩牌药物制剂。他们既有点像医生，也有点像药剂师。[11]

另一条线索：我们之前看到过，如果不在肉里加上不作为食物食用的叶子，那么塞比托利的黑猩猩是不会吃肉的。这一观察让我们决定在锡让进行实验。这些植物中的绝大多数都有药用价值，而且具有强烈的苦味、涩味、辛辣味或柠檬味。黑猩猩把动物的肉和叶子放在一起咀嚼很长时间然后吞下。我想，我们可以排除叶子的机械作用，即用于软化太难咬的肌肉这一假设，因为黑猩猩在食用又胖又嫩的幼虫时也会加入叶子。

一杯柠檬水？

第三种关联也引起了我的兴趣，这次与饮料有关。想在热带森林中找到清澈的水并解渴并非那么容易。如果附近没有河流，黑猩猩会把树叶团成球形的海绵状，用指尖将其浸在树干的孔里，孔的深处积蓄着水。然而奇怪的是，塞比托利的黑猩猩也会在河里使用这些叶子海绵喝水……这种情况不是他们的手太大无法进入树干上的洞可以解释的……而且这个行为也不成体系，因为他们有时弯下身子用嘴唇吸水，或者用手当杯子来接水。我由此提出，黑猩猩可能是因为味道才把食物混合到一起的：他们在河里喝水用的是柠檬味的野生姜叶。[12]在整个非洲，椒蔻属植物的各个部分几乎都被用作驱虫剂。就像用树叶给肉调味一样，这种柠檬水也有预防中毒或感染寄生虫的作用。这非常接近人类使用香料的原因，也就是我们说的"达尔文美食学"：我们的口味会进化为喜欢强烈且明显的香料味，因为许多香料都具有抗菌特性。在高温使得肉类难以保存的国家，使用香料避免了食物中毒的风险。喜欢香料的味道可以保持身体健康！

巧　　计

在我与刚果的黑猩猩孤儿相处的最初几个月里，我发现了他们另一个非常巧妙的做法。如果种子或者水果特别坚硬，黑猩猩会用一个万无一失的方法获得里面的果实。他们不把这些东西嚼碎，而是整个吞下，让食物在消化道里发酵两天，最后再从粪便中回收种子或果实。我们把这种行为称为"采种"（*seed picking*）。在四十八小时内经过 37℃ 的消化系统能够使目标食物成熟和变软。刚果的黑猩猩还利用这种技术吃上了富含蛋白质的酸榄豆种子（这成了我的第一篇科学论文[13]）。塞比托利的黑猩猩也会这样处理异槟榔青属不成熟的果实。不过，我从未观察到黑猩猩从同伴的粪便中收集水果或种子。塞比托利的黑猩猩还喜欢有酒味的大象粪便：大象食用了发酵的水果后，粪便会散发出酒精味，黑猩猩会将其搓成小团，通过咀嚼获得其中的汁液，但不会吞下粪便。

另外值得注意的是，基巴莱的黑猩猩最喜欢的猎物是猴科动物中的疣猴。疣猴的胃有多个口袋，里面的食物会发酵，有点像反刍动物。胃一般是最先被吃掉的部分，远远先于肌肉或者其他内脏。如果这让一些人感到害怕，我正好借此机会提醒，我们这一物种也存在这种做法：猴面包树和咖啡的种子分别提取自狒狒和麝猫的粪便，并被做成了大受欢迎的"佳肴"!

最近，一位在加蓬拉洛佩①工作的同事告诉我，黑猩猩喜欢吃被大火烤熟的水果和种子，一种是森林大火，还有一种是牧民为了放牧牲畜故意点的火，以便又绿又嫩的草重新长出来……

———————

① 拉洛佩（la Lopé）是加蓬中部的一个大区，拉洛佩国家公园坐落于此。

第六章
人类中的黑猩猩

跳远，黑猩猩的新活动

＊

塞比托利

2018 年 1 月 28 日，14B 摄像机第 6 号片段

20:09:50，22℃，暴风雨夜，下弦月。这些是我们放置在公园边缘、A20 以西的自动跟踪摄像机上的提示。镜头指向近三米宽、同样深度的沟渠，这是为了防止大象进入村民的田地而挖的。

一个小时前就天黑了。因此图像是黑白的。第一秒，一只雄性黑猩猩漆黑矮壮的身影跳过沟渠，走向森林的方向，他的左臂和胸部之间紧紧夹着一团白色的东西。我们重新慢放了这一段，发现这团东西实际上是两根玉

米。两秒钟后，一只雌性苍白的脸转向摄像机。她冲向沟渠，手里什么都没有，但腹部有一个区域图像颜色更浅，还在她落地时发出叫声，是肯佐和她刚出生的孩子基诺梅。另一个小小的身影随即加入：康吉，肯佐的女儿。在慢放的视频中，她的冲劲令人印象深刻：先是双臂向后，然后像比赛中的跳水运动员那样伸展双臂。不过尽管如此努力，她也只是勉强用双手抓住了沟渠的边缘，要向上爬才能登上另一边。幸运的是，沟渠年久失修，上面覆盖着青草，让她能够迅速地和母亲会合。不过，她的大哥伍迪已经（在第一只雄性到达的十秒钟后）冲了过去，他是家里唯一一个带回战利品的：嘴里叼着一根玉米，左手拿着两根，右手拿着一根。他走到沟渠边改变了主意，把右手的玉米放到嘴里，调整好左手两根玉米的位置，绷紧小身板开始冲刺。他的两只脚碰到了低于地面二十厘米的沟渠边缘，接着他用左手腕和左手肘撑在沟渠边上，勉强爬了上去，然后跑走了。又一个巨大的身影出现了，他停在沟渠边，将右手的玉米放进嘴里，接着毫不犹豫地越过空隙。到了森林那边，他走了几步，我才注意到他截肢的左腿……是阿拉贡。在这个三十秒的片段中，六只黑猩猩总共从地里带回七根玉米。这个小群体提供的信息非常丰富：首先，他们是在漆黑的夜晚从田里回来的，这是我们几年前的重大发现，之前只知道他们昼出夜伏……因为有坚决要保护食物资源的村民看守着田地，黑猩猩的夜间活动十分危险。参与这些活动的既有雄性也有雌性，还包括带着年幼孩子的母亲以及她们的其他家庭成员。甚至连身体有残疾或者比较脆弱的黑猩猩都会参与到这项入侵活动中。

接下来的片段是同一天的 20 时 33 分 57 秒录制的。第一只冲刺的黑猩猩选择将两根玉米放在嘴里，保证双手自由。同样左脚截肢的布查曼也越过了沟渠。他的老母亲佩内洛普紧随其后，由于她左臂抱着的四根玉米棒子实在太重，她没有跳，而是沿着沟渠边爬了下去。青草像是在沟渠两边架起了桥，她把空着的右手伸向对面，然后抓住一棵小灌木，跨了一大步，把战利品固定在手臂和脸之间以免掉落。最后，在 8 点 38 分，克姆奇最后一个通过沟渠……

规划自己的行动

上述观察很有趣，原因有两个：首先，这体现了黑猩猩的规划能力，因为我们对他们在自然界中计划和预见未来的能力仍然存有疑问。许多轶事表明，被圈养的黑猩猩是拥有这项能力的。马蒂亚斯·奥斯瓦特（Mathias Osvath）[1] 在一份出版物中描述了这样一件事：在动物园对公众关闭期间，一只黑猩猩在围栏里收集石头、抠下混凝土块，第二天把这些"弹药"扔向游客。

塞比托利黑猩猩的规划能力在两个方面有所体现。

一方面，他们只在天色完全变黑且看守人结束巡逻之后才会进入田里，平时这个时间他们已经待在窝里了。这表明黑猩猩选择晚间行动是预料到了这一难得的机会。贪嘴可能会引诱他们立即进入田地，但他们抵住了诱惑，将觅食活动推迟到比筑巢结束更晚的时间。我们好几次观察到黑猩猩待在公路边缘活动，而不是先筑巢再爬起来进入园子。

另一方面，他们把许多玉米抱在怀里带回了森林，尽管他们已经在田里吃了很多。这表明黑猩猩在吃饱之后，可能打算在夜里晚些时候，甚至是第二天在窝里吃掉这些玉米。这一观察特别有意思，因为黑猩猩一般没有存储野生食物的行为。安妮特·兰茹（Annette Lanjouw）曾经记录过[2]，在刚果民主共和国通戈（Tongo）相对干燥的火山地区，她曾观察到黑猩猩在数小时内运输一个充满水的小块茎，这说明黑猩猩既会储存食物，也会为将来可能口渴的情况做打算。还有些例子，比如黑猩猩为了砸开他们在树上找到的坚果，会把石头运上树，这也说明了他们的行动是有计划的。

在塞比托利拍下的视频还体现了黑猩猩的适应性和行为灵活性。最近，一份针对二十二个安装了相机陷阱的非洲地点的出版物显示，黑猩猩的夜间活动只占总记录活动的 1.8%，这个比例非常低，而且这些活动主要发生在黄昏和黎明，在黑夜里活动的非常罕见。[3]黑猩猩这个物种一直被认为是在昼间活动的，而我们在塞比托利观察到了他们活动节奏的变化，这说明了个体行为的灵活性。为了获得高营养的食物资源，就算缺乏夜视能力，他们也会调整进食时间并减少休息时间。

森林中的疤痕

还有一个考验等待着最嘴馋的塞比托利黑猩猩：他们有时候需要穿过一条柏油马路才能获得他们垂涎欲滴的食物资源。这意味着在面对铁皮、废气和巨音怪物时要有组织地行动起来⋯⋯四公里长的沥青就像绿色海洋中的一道疤痕。自从这条尘土飞扬的红色小路被改造成沥青路以来，短短十年就带来了数百辆卡车、公交、摩托，还有人类。被狒狒逗乐的人类有时会把香蕉皮、芒果或者鳄梨扔过去，这些带有微生物的食物威胁到了野生动物的健康。这条公路从东到西共计二十五米宽，包括沥青路面、经过"修剪"的人行道和电线。黑猩猩没有其他选择，他们必须穿过这条公路才能到达领地的另一边。我们在两年多的时间里拍摄下了一百二十二次这样的穿行，发现他们几乎没有哪次是靠碰运气通过的。[4]不仅 90% 以上的黑猩猩在过马路前会左顾右盼，而且我们还观察到，埃利奥特或者其他地位高的黑猩猩在过马路时会走在最前面。他们常常放慢脚步，甚至停在路中间，确保其他成员跟上且没有相撞，尤其是群体里有弱势成员的时候，比如带着孩子的雌性或者残疾的黑猩猩。对环境变化的快速适应又一次体现了黑猩猩的"弹性"，也展现出社会生活的力量以及群体生活对个体的庇护。

然而，不是所有黑猩猩都有机会跟着行家一起探索并穿越这条危险的公路。

迪吉，公路的受害者……

*

巴黎

2018 年 11 月 13 日，7 点 09 分

我的电话响了：是我在塞比托利的博士生克洛伊打来的，她听起来很不安：

——抱歉这么早给您打电话。我们和迪吉在一起，她在地上，离我们很近，但她一动不动。

我感觉喉咙发紧，但还是尽量表现得镇定：

——她还活着吗？

——是，她坐在地上看着我们，但如果我们靠近，她也没有离开的意思。

——你看到伤口了吗？你们确切的位置在哪里？

——她在一堆树丛中，我们看不太清，好像是她夜里在地上做了窝，树枝被折弯压碎了。我们离公路很近。

——她肯定是受伤了……她在树下吗？她是不是摔下来了？

——不是，她在沼泽地里，附近没有树。

——克洛伊，这是个糟糕的信号！如果她一动不动，看起来还活着，也不咳嗽……那她一定是骨折了，而且很严重，伤处肯定是在骨盆，否则当你们靠近，她会试图用三条腿跑掉躲开你们……你觉得她有没有可能是被车撞了？你们离公路有多远？

——稍等，我看看GPS……只有一百米远。是的……我们昨天晚上跟踪了一群刚刚穿过公路的黑猩猩，但她不在里面……过了几分钟，我们听到了几声刹车，接着是一声撞击，像是车祸。我们又从山谷往公路走，但我们到那里的时候，那些汽车已经跑了。不过公路上还有车灯和保险杠的碎片。

——好吧，跟她待在一起，仔细观察，我想一想再给你回电。

远在一万公里外的我是多么无力……我多么想亲眼看看迪吉，那一定会帮助我作出决定：我应该打电话给乌干达野生动物管理局，请兽医介入，以便获得更准确的诊断，还是应该由我们团队自己处理？我和团队互发了几条短信，确定了迪吉的情况十分危急：她的伤势非常严重。但她仍然保持着警惕，对我们很信赖……哦，是对他们。我给公园的负责人尼尔森·古玛（Nelson Guma）发了一条消息，他向我保证会尽快派兽医过去。他们派去的是蒂莫西·穆加贝（Timothy Mugabe）。这下

85

我放心了：蒂莫西是布东戈黑猩猩研究项目的兽医，布东戈位于乌干达北部，在默奇森瀑布国家公园①附近。他和卡罗琳是同事。前年，他和让-米歇尔、诺兰还有我一起处理了卡辛加的事，我们麻醉了卡辛加之后检查了他被夹住的腿。诺林·柴（Norin Chai）是我在动植物园时的兽医同事，他曾经来乌干达帮我麻醉并治疗卡辛加和埃利奥特，虽然对后者的治疗没有成功。

我的另一位博士生朱莉也是一名兽医，几小时后，她和蒂莫西进一步确认了迪吉的情况：她只能用后腿站立几秒钟，然后又会很快坐下来。我希望组织一个小团队今晚负责照顾她。那附近有许多大象，金猫和大林猪也可能会接近她并引起她的恐慌。如果迪吉是骨盆骨折，那她必须保持完全不动才有希望愈合。我向理查德·兰厄姆寻求建议，他一直是我的榜样：我知道他既感性又理性。他和我一样，认为我们应该帮助迪吉，但要尽量减少干预。我们可以给她提供食物，理查德还推荐了比野生水果更有营养的香蕉。我想，如果她变得更加虚弱，我们会保留香蕉这个选项。我们采取了一切卫生预防措施，即戴着手套收集水果、无花果、茎和芽，并在没有太靠近的情况下把这些东西扔给她。和迪吉的距离小于

---

① 默奇森瀑布国家公园（Parc national de Murchison Falls）是乌干达最大的国家公园，位于乌干达西北部。

八米就要戴口罩。看护期间不要正面对着她。这些措施是为了防止来自人类的病原体（细菌、病毒、真菌）在空气等其他媒介中的传播。

接下来的几天几夜，迪吉一直在我们的监测下。我每天发几十条短信与现场团队、乌干达野生动物管理局以及兽医交流……由于存在两个小时的时差，我每天早上6点30分一醒来就急忙打开手机，确认没有发生什么更严重的事情。现在回想起来，那两个星期充满了焦虑。我甚至想不起来在那些日子里做了什么，除了等待迪吉的消息和焦虑已经作出的决定。迪吉的背部和身体两侧出现了褥疮。除了食物，我还让队员们给她带些树枝，方便她搭出更厚实舒服的窝。她身上湿漉漉的，离自己的粪便也很近，苍蝇围着她飞来飞去。在此期间还有一个问题：难道我们不该把她送到营地附近吗？

事故发生一周后，女学生们对迪吉周围大量的苍蝇非常关注。我给她们发了一份制作不同种陷阱的教程：用醋和大量的糖、用发酵的水果和大量的糖、用酵母和大量的糖。她们把这些配方应用到实践中，不过据说效果不是很有说服力。苍蝇继续在迪吉的伤口处产卵，迪吉则啄食它们……"蛋白质"，诺兰告诉我，他总是令人安心且幽默十足，"不要紧，幼虫会清理伤口。"我建议女学生们尝试从远处向迪吉的伤口喷洒灭菌剂……然而要在现场找到这些材料并不容易。

事故发生十天后，前去"探望"迪吉的蒂莫西打电话告诉我："她在发抖。"应该给她注射长效抗生素吗？我们曾考虑过另一个方案：把药片放进香蕉里让她口服。然而令人惊讶的是，迪吉并不想吃香蕉，哪怕是抗生素被藏在里面之前……神话真的被打破了：黑猩猩不吃香蕉！如果他们从未品尝过一种东西，就不会冒险食用这一未知的食物：这是著名的食物恐新症（对新食物的恐惧）在起作用，就算他们处在窘迫和饥饿的情况下也是如此……

　　尽管经历了苍蝇群侵袭和一段时间的发抖，迪吉的情况似乎还是比较稳定的。她狼吞虎咽下数以百计的无花果、乌干达香榄黏糊糊的橙色果实，还有野生姜、胡椒和老鼠簕的茎……直到迪吉出事的整整两个星期后，朱莉用 SMS 给我发了一张照片。我花了点时间才意识到这是什么：一张断骨的特写，从黑猩猩的皮肤上露出来，背景是树叶……这是迪吉的左大腿骨，它离开了大腿，折向腿关节。我的心跳在加速。这张照片非常令人震惊。应该怎么做？应该采用怎样的治疗方法？她的开放性骨折靠近膝关节，有哪些手术方案？打骨钉似乎不可能，这对迪吉来说意味着截肢。她已经很虚弱了，还能在这样的手术中存活下来吗？如果能，她以后要如何生存？要知道她已经残疾了：我们给她取名为迪吉就是因为她左手少了四根手指……如果她能活下来，她会在动物园里终老一生吗？还是在保护区里？我又给理查德·兰厄姆发了一条信息。他和我再一次达成了一致：试着治疗她，但前提是我们能把她放生野外。因此，我们必须启动紧急治疗方案。我放弃了在博物馆的所有活动，取消了会议和约会，努力寻找一个快速的解决方案。我提醒了公园负责人尼尔森·古玛，并给位于恩德培的恩甘巴岛（Ngamba Island）保护区的主任莉莉·阿雅洛娃（Lilly Ajarova）发去了电子邮件和短信，该保护区收容了从偷猎和非法贸易中得救的黑猩猩孤儿。

我即将经历作为灵长类动物学家的一生中最灰心和沮丧的两天：一只雌性黑猩猩因开放性骨折死在路边，政治和权力的斗争使她无法得到照顾。矛盾的信息正从四面八方传来。

今天是星期一。公园的负责人上午告诉我，他会立刻派出一名具有乌干达野生动物管理局资质的兽医。到了下午就变成了"明早，8点"。我每隔一小时向古玛报告一次，兽医没有到。星期二，法国时间14点，依然没有人来。我打电话给古玛，我的声音在颤抖：我告诉他，乌干达这个国家声称站在猿类保护的最前沿，却没有任何行动，任由一只黑猩猩奄奄一息，这是多么可耻。古玛承诺会有人过来，他会另找一位兽医。直到周三的17点，迪吉终于被麻醉了，她被带出沼泽，转移到营地，然后被汽车运往恩德培。传来的都不是好消息：她的骨盆或者右腿可能也有骨折。我从乌干达野生动物管理局、莉莉以及恩德培的兽医约舒亚那里得到了相互矛盾的信息。第二天早上，我正准备前往尼斯参加讨论会，在奥利机场接到了约舒亚的电话。就在刚刚，他们再次麻醉了迪吉，对她进行了检查。她非常虚弱，伤口已经感染了，右侧的髋关节也脱臼了，此外身上还有多处骨折。他问我该怎么做。我告诉他，最好的办法是不要叫醒她。

最终，迪吉成了我们这个分裂的社会中两起祸患的受害者：车辆的飞速和行政的缓慢。对我而言，我们在塞比托利的持续努力失败了，这是一个不幸的事实……对于这只对人类充满信心的黑猩猩来说，这是一种巨大的悲哀。

重归和谐

耕地与森林相邻对所有共享这一生态系统的生物产生了无数负面影响。在玉米成熟的季节，守田人和黑猩猩（以及他们的排泄物……）的活动都集中在田地这一小范围内。二者都赤脚行走，加速了消化道寄生虫的传播。对野生动物有害则可能是因为森林被工业种植园包围了，种植园里有茶树、桉树和其他使用防治植物病害产品的作物。事实上，四分之一以上的塞比托利黑猩猩有面部畸形问题（缺少鼻孔、唇裂）、色素缺失和生殖障碍（有好几只雌性黑猩猩没有性周期）。[5]此外，生活在同一地区的狒狒也存在面部畸形的情况。我和我的学生卡米耶分析了 2017 年 1 月至 2018 年 4 月期间由十四台相机陷阱记录下的两万五千三百九十个片段（一项艰巨的任务！），我们发现三十只未成年和成年狒狒有鼻孔异位、畸形或者鼻骨断裂的情况。[6]

我们对农场主、茶叶公司和商店的调查显示，边境地区经常使用杀虫剂（其中含有：草甘膦、氯氰菊酯、丙溴磷、代森锰锌、甲霜灵、乐果、毒死蜱和 2,4-D胺）。我们与麦克雷雷大学的化学实验室合作，对玉米的种子和茎、土壤和河流沉积物进行了分析，结果显示玉米种子中的滴滴涕（未报告则归为已使用）和毒死蜱的浓度超过了建议剂量。对生活在姆潘加河与穆诺布瓦河的鱼类以及河水的分析证实了农药污染的存在，吡虫啉就是其中一种。[7] 我在姆潘加河放置了被动采样器，这样就可以在两星期之内收集到河水中存在的不同分子了。这些在公园上游几十米处的采样器揭露了十三种杀虫剂的存在。这十三种分子是在同一条河里发现的……再往前走五公里就是公园的中心地带！随后，我的两位同事——来自国家自然历史博物馆芭芭拉·德梅内克斯（Barbara Demeneix）实验室的佩特拉·斯皮尔汉兹洛娃（Petra Spirhanzlova）和让-巴蒂斯特·菲尼（Jean-Baptiste Fini）直接检验了这些河水的影响，发现河水对甲状腺激素和雌激素产生了"内分泌干扰"型影响。[8] 我们在了解畸形的源头这一问题上又迈进了一步：黑猩猩和狒狒的胎儿在发育的前几个月里暴露在"毒鸡尾酒"中，导致了畸形。

最后，国家公园附近的居民与野生动物的接触往往冲突不断，因为黑猩猩、狒狒和大象会打劫他们的种植园。虽然在过去的十年里，非洲的大象数量普遍下降（2002 年至 2011 年期间，森林中大象的数量下降了62%[9]），但被限制在基巴莱等保护区内的大象数量却有所增加，并造成了灾难性的经济损失。居民们因而对保护区及其收容的野生动物产生了强烈的反感。

疾病、被抢走的作物、污染和贫困是公园附近的居民遭受的苦难。我最殷切的愿望就是扭转这种情况，让在国家公园附近定居的人类蓬勃发展，让他们愿意保护这个迷人的空间——森林，他们的森林、他们的财富。但如何化干戈为玉帛呢？

我建议国家自然历史博物馆向法国全球环境基金会[①]提交一份方案，用于协调森林、野生动物和农民之间的关系。方案的第一阶段是进行集体管理和政府治理；第二阶段是减少人类与野生动物之间的冲突；第三阶段是将某些作物转化为有机耕作。方案的目的是降低健康

① 法国全球环境基金会（Fonds français pour l'environnement mondial）简称 FFEM，是全球环境基金会（FEM）的重要组成部分。基金会的资金主要来自政府部门，宗旨是以资金补助的形式引导和鼓励发展中国家在经济发展过程中实施环境保护项目。

风险，提高小生产者的收入；组织村民委员会，根据地理条件和土地权制订最佳策略，防止大象闯入村民的耕地，并总结出向有机农业转化的优先事项。我们还希望为研究助理们创建的两个当地协会提供技术和科学支持，通过这项动员发展计划，让村民们可以重新建立起与森林生态系统的和谐关系。

有一个备选方案特别巧妙，它将作物以及动物保护与改善收入相结合，即安装蜂巢式围栏。这个方案基于如下事实：大象皮肤较薄的地方对蜜蜂蜇伤很是敏感。围栏由木制蜂箱组成，蜂箱悬挂在相隔八至十米的小木桩上，相互之间用电缆连接。如果一头大象想要离开森林，进入被这种围栏包围的耕地，就会触到电缆，引发蜂巢的振动和蜜蜂的攻击。因此，这些围栏阻止了大象对田地的破坏，还阻止了被激怒的农民决意"处罚"抢劫者时可能出现的报复行为。当然，蜂箱也可以生产蜂蜜，出售后可以提高村民收入。如今，塞比托利黑猩猩项目为两个类似的计划提供支持，一个在塞比托利，由埃玛负责，另一个在基尼昂塔勒（Kyniantale），由克洛维斯负责。现在，用于保护附近田地的围栏共计六百米长，时至今日仍效果显著。幸好黑猩猩从来没有成功打开或破坏蜂巢来获取无比诱人的食物。至于动员项目，2016年至2019年期间举办了一百七十次外联会议，有近一万人参加了会议！

第七章
为了更好地生活，我们应该模仿黑猩猩吗？

饮食、健康、运动：在我们日常生活的各个领域，猿类都可以是灵感来源。除了自我药疗以及帮助我们发现新的分子以外，黑猩猩是否也在不知不觉中开出了生活方式的新处方？生食饮食和极简主义跑步（不穿鞋或鞋底非常薄）的灵感源于古生物学和灵长类动物学提供的数据。为了证明一些被大多数人质疑的做法是有根据的，我们援引了同辈的表亲或者已经灭绝的祖先的例子：这真的合理吗？我们的近亲或祖先的生活方式是否比现在的人类更好？

从森林采摘到菜单"优步化"①

我们当前生活方式的最大隐患，必定是它的变化速

---

① 优步（Uber）是一款提供即时服务的应用程序。优步化（ubérisation）指的是将现有工作和服务转化为互相独立的任务，并在需要时将之分配出去。

度过快。相对于千万年的进化而言，我们近期的饮食和生活方式变化很是突然。简而言之，我们像黑猩猩一样，把进化过程中的大多数时间用于在我们的环境中觅食，寻找天然低糖低脂的植物食物，追逐猎物，而这一切都是在森林或草原上赤足进行的。接着，仅仅在几千年前，由于农业发展、动物驯化和定居生活，我们摆脱了这种饮食习惯，选择种植肉质更丰富的水果，喜欢多汁甜美的果肉。我们还给动物提供丰富的饲料，掌控他们的繁殖，减少他们的体力活动，使他们的肌肉更加柔软。这就导致现在出现了诸如比利时蓝白花牛这样的反常品种。他们后半部分身体的肌肉过于肥大，造成了运动障碍。几乎有一半的蓝白花牛不能自然分娩，必须剖腹产，因为小牛犊的大腿太大了。我们喜欢牛奶的甜味和脂肪，就给奶牛、山羊和绵羊挤奶来维持和促进这样的分泌，以便在成人饮食中加入这种天然或加工的食物。由于这些农作物和动物离家很近，我们的祖先变得更加深居简出。他们利用动物和机器的动力来耕作、行动和搬运，减少了体力活动和耐力跑。然而变化远未停止脚步！在过去的二三十年里，随着超市的发展，变化的步伐继续加快，超市里充斥着高热量、高糖分、高脂肪的现成食品，开着汽车就能买到，有时甚至可以外送到家，提供了随叫随到的便利。现在，食物无须采集，甚至无须烹饪就可以食用。然而，我们对能带来快乐的高油高糖食物的喜爱并没有改变，这种感官上的愉悦曾经驱使我们在森林里寻找甜美的果实，证明了长途跋涉的合理性，让能量得以平衡。这些容易获得的卡路里炸弹的大量存在危害了人类的身体健康。

如今，尽管人们意识到这些新习惯对健康和环境的影响，但回到所谓的"旧石器时代"的饮食，或者向"黑猩猩的饮食习惯"靠拢的倾向似乎也走了极端。糖分和甜味剂过量，成年人食用牛奶或奶制品，从开胃菜到甜点几乎完全由动物性食材组成（猪肉食品、牛排、奶酪、乳脂甜点），在此之后，"无"的饮食习惯正在蓬勃发展，也许它更加接近我们祖先的生活方式，因此也更接近黑猩猩的生活方式：无麸质、无乳糖、无动物性物质、无烹饪、无卡路里（有时还会有一些"训练"，比如长期禁食与体育活动相结合……）。毫不夸张地说，向黑猩猩的饮食习惯靠拢可能对我们的机体没什么坏处，对地球也是一样……这种饮食主要由未加工的食物构成，富含纤维、少脂肪、少糖，非常多样化，只需轻度烹饪，生食比例较高，动物性食材、防腐剂和其他添加剂较少，有助于减轻机体和环境的负担。不过显而易见，这一切都应当是适度的！

人类是会烹饪的黑猩猩？

多样化、低脂肪且低糖、高纤维、杂食但主要是素食，这些都是黑猩猩饮食的特点，如今人类的饮食可以向其靠拢，从而变得更加健康。不过黑猩猩的饮食有一个特别之处：必须生食。哈佛大学的人类学家理查德·兰厄姆研究黑猩猩是为了更好地了解人类进化，他观察到，人类使用火的痕迹最早可以追溯到二百万年前，而这与人类脑容量增加的时期相吻合。[1] 因此，他提出，烹饪食物提高了食物的消化率，从而促进了能量效率的提升，例如煮熟的块茎提供的热量是生食的两倍。兰厄姆认为，烹饪应该是增加大脑这一大型能量消耗器官的容量的关键，因此也是提升早期人类认知能力的要素。烹饪食物还有助于促进人类的社会性，他们会在火边分享食物，火焰可以保护他们免受捕食动物的伤害，同时促进沟通和交流并减少咀嚼时间，降低次级代谢物或微生物中毒的风险。如今，尽管工具、笑客和双足行走不再被认为是"人类的特性"，但烹饪食物仍然是纯粹的人类特征。

然而，对现在流行的生食饮食的研究似乎表明，这其实是反进化的……在 2006 年 BBC 拍摄和报道的一项实验中[2]，九名年龄在三十六至四十九岁之间的志愿者被安排在英国一座动物园的一顶帐篷里，旁边就是黑猩猩的围栏，他们在十二天的时间里试验了一种受黑猩猩饮食启发的"进化膳"（*Evo Diet*）。这种饮食由营养师定制，包括五十多种水果、蔬菜和坚果。这群人类志愿者每天要吃多达五千克的生食，即二千至二千三百千卡的热量（符合营养学家建议的平均值）。结果他们的体重平均下降了 4.4 千克，胆固醇水平下降了 20%，血压从140/82 降至 122/76。志愿者们表示，参与试验后感觉精力充沛，身体更健康了，而且并不觉得饿。相反，有些人甚至无法吃完他们的那份食物。不过，这种饮食中盐和脂肪的摄入量低于建议水平，而且长期维持这种饮食肯定让人无法忍受。其他的研究表明，长期摄入由70%—100%的生食构成的饮食会导致阶段性或彻底闭经，会让体重迅速大幅下降（女性十二千克，男性九千克），还会导致人体缺乏必需的营养。[3] 这些研究表明，遵循这样的安排于进化而言无益：如果按照生食饮食，那么现在的女性可能无法生育后代！〔当然，我们种植的水果和蔬菜比黑猩猩吃的野果有营养得多……〕詹姆斯·鲍斯韦尔[①]在《与塞缪尔·约翰逊游赫布里底诸岛日记》（*Journal of a Tour to the Hebrides with Samuel Johnson*）中的表述非常恰当:"我对人的定义是'烹饪动物'！[4]"

我们和其他动物

购买加工食品和现成的饭菜，狼吞虎咽远超个体所

----

① 詹姆斯·鲍斯韦尔（James Boswell，1740—1795），英国文学大师、传记作家、现代传记文学的开创者。

需的动物蛋白，不再需要杀戮，不用努力捕捉猎物或花时间饲养动物，不再与被围捕的动物四目相对，甚至不再接触猎物的尸体，不再去展示骨架的肉店，这样的人类是否失去了"动物性"？现在与人类生活在一起的动物是否只有两种功能？一是娱乐，陪伴人类，防止他们在这个越来越缺乏同类之间的社会关系的世界上感到孤独；二是服务，劳作的动物、有经济效益的动物、被屠宰的动物，生产牛奶或鸡蛋的机器，患有脂肪肝的鸭子①、供应绒毛的鹅、提供毛皮的水貂。难道动物不再是与我们共享生态系统的生灵了吗？即使没有功能，他们不也有权在这颗星球上生活吗？当大自然化身为开花的树木和屋顶的蜂箱，我们欣喜地看到它又一次征服了城市，但卢浮宫草坪上的老鼠和城市里的鸽子却被我们连连抵制。我愿意相信，人类与家养动物之间可以存在除了支配与被支配以外的关系。这种关系是平等和谐的，人类为这些动物提供保护和食物来换取感情和无痛的"工作"。即使是装了马鞍的马和带着项圈的狗也可以和他们的人类"伙伴"一起享受森林中的漫步，我们的住宅区欢迎在城市里自由生活的动物，它们不会被认为有所妨害。他们也可以生活在我们的乡村和森林里，但我们不

---

① 法国名菜"foie gras"（鹅肝/鸭肝）的原料其实是病变的肝脏。人类采用填充喂养的方式使鹅肝/鸭肝迅速增长，造成脂肪肝。

需要不惜一切代价来管控他们。这对野生动物是否也一样：我们是否应该保护他们，或者我们应该避免介入，停止想要不惜一切地接管自然的想法？

给大自然标价

我们正在进入这样一个社会：如果要拯救一个物种，那么该物种的个体在活着时必须具有比灭亡后更高的经济价值。大自然本身是否真的需要提供高质量的"生态系统服务"，才能让我们下定决心不会为了建立农业种植园、停车场或购物中心而牺牲它？例如，在南部非洲，犀牛是在私人农场饲养的。斯威士兰①的农场主坚持要求继续进行犀牛角的交易，这些犀牛角在亚洲的售价超过了黄金（每千克六万欧元），就因为它们具有所谓的壮阳和抗癌作用。2019 年，《濒危野生动植物种国际贸易公约》收到了一份恢复销售犀牛角的请求。如果这种贸易合法化，那么从理论上讲会减少贩运，从而减少偷猎，犀牛角的价格也会降低，这样也能更好地保护该物种。然而这些农场主没有承认的是，这些由角蛋白构成的角的所谓"特性"未经证实，也没有起到遏制市场的作用（这个价格还不如咬自己的指甲！）。使用者并不会关注那

---

① 斯威士兰王国（Royaume du Swaziland）是一个位于非洲南部的内陆国家，北、西、南三面为南非环抱，东与莫桑比克为邻。

些落入偷猎者手中的动物的命运，因此犀牛角继续供给市场。2017 年春天，在距离巴黎六十公里的图瓦里动物园（Zoo de Thoiry）内，一头犀牛被射杀，他的角被锯下偷走。尽管南部非洲的农场主们争辩道，为了防止偷猎，角是从活着的犀牛头上割下来的，或者是从自然死亡的犀牛头上取下来的。但阻止贩卖和屠杀最后一群野生犀牛的唯一方法就是禁止所有犀牛角贸易。

两年前，我们在一个偷猎者家中发现了一只塞比托利黑猩猩，他被残忍地剖开，穿在木桩上，架在火上烤。偷猎者被逮捕并受审。处罚是根据动物的重量计算的，就像猎人碾过一只山羊一样：八十欧元。《乌干达野生动物法案》（Uganda Wildlife Act）规定了杀害受保护物种的最低处罚，但当时没有执行。我向乌干达野生动物管理局提出上诉，要求重新审理此案。于是他们让我估算一只黑猩猩的价值以便他们根据罪行调整罚款。难道需要精确的计算才能得知一只黑猩猩通过旅游业带给乌干达的价值吗？杀害濒临灭绝的受保护物种的罪行难道不足以量刑？

我们不禁想到了山地大猩猩，这是生活在乌干达、卢旺达和刚果民主共和国的猿类中唯一逐渐壮大的种群。这一亚种在世界自然保护联盟（UICN）的红色名录中的地位已经从"极度濒危"变为了"濒危"。从 2008 年的六百八十只到 2018 年的一千多只，尽管仍然不多，但这依旧意味着胜利，因为其他所有猿类的数量都在大量减少。毫无疑问，这是因为山地大猩猩对于贫困国家和人口象征着经济价值。与山地大猩猩相关的生态旅游业创造了就业岗位，直接收入（生态护卫、追踪者、搬运工等）或间接收入（酒店业、餐饮业、农业、运输业等），促进了基础设施（道路、旅馆、酒店、餐馆）建设，从而有助于栖息地的保护，保护区也因此更加受重视。

植物的益处

"无"饮食的趋势正在蔓延，同样影响了健康领域。一些人提议向非人类的人科动物或早期人类的医学疗法靠拢，采取植物疗法并拒绝对抗疗法和疫苗，而另一些卫生学家则支持过度医疗化。黑猩猩和早期人类都会使用天然物质这一点有时足以支持这些疗法。关键在于避免走向两个极端，这当然是因为黑猩猩和人类的消化系统不同。在决定实施或接受任何一种治疗方法之前，理想的情况是权衡这一疗法对已知病史的人体的益处和风险。但这往往不可能实现，所以在自我药疗时最好牢记一点，非处方产品在小剂量和低频率使用的情况下一般毒性不大，但如果过度服用，副作用的风险就会增加！

人类，天生就会跑吗？

哈佛大学的丹尼尔·利伯曼（Daniel Lieberman）的

研究⁵，以及那些基于墨西哥的塔拉乌马拉人（Tarahu-maras）或卡拉哈里（Kalahari）社会的观察，似乎都表明耐力跑，尤其是光着脚或穿极简主义鞋（鞋底非常薄，没有缓冲）跑步，对现在的人类是有益的。那么，人类是"天生就会跑"吗？就像布鲁斯·斯普林斯廷①的歌曲和克里斯·麦克杜格尔②的畅销书所暗示的那样⁶？

人类在历史的大部分时间中可能都是赤足奔跑和行走的。双足行走通常被认为是人类进化的关键阶段，但跑步在其中扮演的重要角色却被遗忘了。尽管与大多数四足动物相比，人类与猿类一样都不擅长短跑……但是根据丹尼斯·布兰布尔（Dennis Bramble）和丹尼尔·利伯曼的研究⁷，人类的耐力跑可能在二百万年前就出现了，并不是行走的"副产品"。而且，人类耐力跑的表现绝不会沦为笑柄！只要稍加勤奋训练，业余跑步者就可以不太费力地以每小时十至十三公里的速度跑上几个小时，甚至我也可以……我曾经跑过六次马拉松，平均速度是每小时十一公里。自然选择优待苗条的个体，他们

---

① 布鲁斯·斯普林斯廷（Bruce Springsteen）是美国摇滚歌手、作词作曲家。他所在的东大街乐队（E Street Band）是美国最著名的摇滚乐队之一。斯普林斯廷在 1975 年发行了专辑《生为奔跑》（*Born to Run*），收录了同名歌曲，并于 2016 年发表了同名自传。

② 克里斯托弗·麦克杜格尔（Christopher McDougall）是美国作家，曾任美联社记者。他爱好跑步，曾前往墨西哥探寻塔拉乌马拉人的长跑秘诀，后写下《天生就会跑》（*Born to Run*）一书。

能够以适中的速度跑出很远的距离，从而可以追捕筋疲力尽的猎物或者找到猎物的尸体。至于步行者和跑步者的装备，鞋子（凉鞋、鹿皮鞋）在四万五千年前才出现。农业发展和定居生活（一万年前）改变了人类的饮食习惯，还更加普遍地改变了人类的生活方式：我们从积极寻找稀缺且低营养资源的狩猎采集者变成了农民，然后又变成了深居简出的城市居民，几乎可以随心所欲地获取无数富含糖分和脂肪的资源，这就是肥胖症大流行的起因……

不过，为什么与我们现在的近亲相比，旧石器时代人类的生活和活动方式会更好呢？鞋子限制了本体感受，女性高跟鞋的细高跟降低了平衡性，在成长过程中穿鞋影响了脚部肌肉和骨骼的发育，降低了脚部的灵活性和结实程度……加上鞋垫之类的"垫子"和"缓冲"之后，症状减轻了，但我们并没有从根源上解决足部或腰部疼痛……

两足动物……但有黑猩猩的脊椎骨！

双足行走给脊椎带来的压迫是与我们亲缘最近的四足动物所没有的。一个研究小组[8]研究了患有腰椎间盘突出症的人的脊椎，结果表明这些人的脊椎形状更接近黑猩猩，这种似乎是从祖先时代继承下来的特征更适用于四足动物。因此，这种脊椎更难抗住双足行走带来的压力。我在接受腰椎间盘突出症的手术后更加喜欢这项研究的结论了，因为它进一步证实了我与黑猩猩的亲缘关系！

有一点是肯定的，让-米歇尔和我开始跑步锻炼是为了能跟上野生黑猩猩的日常移动，我们心甘情愿。我们与乌干达的助手们不同，他们喜欢薄薄的鞋底，以便更好地感受脚下凹凸不平的地面，而我们不是极简主义的信徒……

任何认为黑猩猩在森林陆地上移动效率不高的人，我都建议他们试试在为期一周的时间里跟踪埃利奥特。除非在武装部队里接受过突击训练，否则任何构造正常的人都会被这种拉练搞得筋疲力尽。在野外考察的间隙，我们会每周锻炼三到五次来保持体能和耐力，一次一到两小时，具体取决于一年中的不同时期。而且，为了给自己制定目标并确保训练的规律性，我们跑过半程马拉松和全程马拉松，还有徒步、登山……目前看来是有回报的。经过一个半小时的步行，我在清晨 6 点半左右在黑猩猩的北部领地跟上了那群雄性，而埃利奥特决定向南出发。那时，我一点也不后悔在文森森林[1]以及佩尔

---

① 文森森林（Bois de Vincennes）位于巴黎城东南，面积 9.95 平方公里，与西边的布洛涅森林（Bois de Boulogne）一同被视为巴黎吸收新鲜氧气的两扇"肺叶"。

什地区的特拉普森林①中的锻炼！

　　只要精力充沛，在热带森林里追踪黑猩猩的足迹就是一个有趣的游戏：脚步要轻盈，不要陷进高于橡胶筒的沼泽里；要像杂技演员一样保持平衡，在树皮松动的湿滑树干上过河；在坡道上交错的树根之间放下脚，不要扭伤；被背包的重量拽下坡，同时想着如何停在谷底隐约可见的大树干前面……是的，所有这些都让我非常愉快，前提是现在是早上 10 点，我们还在为一夜好眠而感到神清气爽且充满能量。但到了下午或者晚上，肌肉开始发僵，一集中注意力就头晕目眩，有时还会发现自己梦见了柏油马路！我们等待着这样的时刻：终于可以在光滑的地面上行走，不必在横在小径的树干之下曲折地匍匐，不必为了摆脱勾住背包的树枝而打滚，不必为了防止跌倒而在黑夜里盯着头灯的光晕。在佩尔什森林开阔的道路上奔跑，在田野里柔软的草地上奔跑，不受阻碍地跳跃，不会陷入泥潭，不会被树枝夹住头发，这是多么幸福的事情。这就是黑猩猩相较于人类而言的另一个优势：他们没有不断生长的毛发，不会被植物弄乱或者夹住……他们光滑的毛发在大雨过后能迅

---

① 佩尔什（le Perche）是法国一个自然区域，由山谷、高原、丘陵组成，地貌丰富，河流众多，佩尔什及特拉普国有森林（Forêt domaniale du Perche et de la Trappe）位于佩尔什地区自然公园（Parc naturel régional du Perche）内。

速变干，还可以防止被荨麻灼伤或者被带刺的植物划伤。所以，有时我要承认，我很高兴终于在乌干达森林的中心找到了穿过公园的公路，并且不假思索地走了上去！

第八章
地球……没有猿类?

月亮山守护着黑猩猩

随着森林逐渐被转化为农业区并逐渐消失,黑猩猩的未来会是什么样的?几年后,各种环境机构的预言是否会成真:我们会不会生活在一个没有猿类的星球上,与皮埃尔·布勒①在《人猿星球》中的想象完全相反?猿类是否只能生存在人类无法进入的庇护所?

对于黑猩猩来说,地球上最后的庇护所之一很可能是神秘的鲁文佐里山脉②,它还有一个本身就很梦幻的名

---

① 皮埃尔·布勒(Pierre Boulle,1912—1994)是法国作家,作品多为科幻题材,代表作有《人猿星球》(*Planète des singes*)和《桂河大桥》(*Pont de la rivière Kwai*),由这两部作品改编而成的同名电影获得多个奖项。

② 鲁文佐里山脉(Rwenzori)位于刚果民主共和国和乌干达的交界地区。最高峰为斯坦利山(Mont Stanley)的玛格丽塔峰(Pic Margherita)。1952年,山脉的部分地区建立了鲁文佐里(转下页)

字：月亮山。由于山坡太陡无法耕种，且当地的信仰有利于保护动物，这里成了秘密生活的理想环境……

由于其独特的景观、居民文化、非凡的生物多样性，这里有一百多个在其他任何地方都找不到的物种。东非高山地区成为生物多样性的热点地区以及地球上特有物种第二丰富的地区。何况这里的生物多样性是那么难以触及、鲜有研究，现实肯定更加令人震惊！这些非洲冰川就是地球的温度计。

我们跟踪塞比托利的黑猩猩时，鲁文佐里的雪峰和闪闪发光的冰川让人目不暇接。和黑猩猩待在一起的日子里，我们没有一天不说起要再爬一次山……2018 年 7 月，我们决定第二次尝试攀登乌干达的最高峰——海拔五千一百零九米的玛格丽塔峰。我们会看到黑猩猩吗？在不到三年的时间里，冰川消退了吗？2006 年的一项研究表明，在 1987 年至 2003 年的十六年间，鲁文佐里的冰川的表面积减少了一半，预计会在 2023 年消失。当我们知道它们在一个世纪前覆盖了六点五平方公里[1] 时，这种预测更加令人不寒而栗。这次是我们看见这些冰川的最后机会吗？

雾中的黑猩猩

尼亚卡伦吉亚（Nyakalengija）是鲁文佐里山脉边缘

（接上页）山脉国家公园（Parc national Rwenzori Mountains），后被联合国教科文组织列为世界遗产。

的一个小村庄，离卡塞塞（Kasese）不远，与塞比托利的直线距离约为六十公里。向导协会花园的栅栏后面出现了几十道目光。男人和孩子们都盯着我们，把我们从头到脚打量了一遍。他们议论着，高声地说话，等待着自己被选中参加正在筹备的探险。如果加上十位巴黎的跑友，我们总共是十二位"客人"——个个都经过精心训练，迫不及待地想要一探究竟，我们在文森森林公园的训练课上跟他们说起过这些山脉和森林。实际上有四十多个人要和我们一起出发，其中当然有向导，也有搬运工和厨师。每个参与者携带的物资不得超过十五千克。每个包在被交给搬运工人之前，都会再被塞上几千克的东西。我们要去七天，必须养活所有人。有些人带床垫，有些人背燃气瓶。地上堆着奶粉罐、意大利面、米袋、番茄酱、一个冰箱和几十个新鲜鸡蛋！我们难以想象登山需要带上冰镐、冰爪、绳索，甚至还有生鸡蛋？但在鲁文佐里，没有什么是不可能的！有些搬运工好像还不到十四岁，有些人脸上则有明显的皱纹，眼神空洞但温和。有些人干瘦，手臂很细，有些人则挺着将军肚。所有人都在背包上加了带子，并把带子横着戴在前额，用来支撑负重。有一个搬运工已经戴上了登山头盔。他在旅途中一直戴着它，除了最后攀登玛格丽塔峰的六个小时，这期间头盔戴在了向导的头上；其余时间，从早上起床到晚上靠在火边，他都把这个漂亮的天蓝色头盔固定在头上。我想知道他是否戴着它睡觉……然后是出发前的情况介绍：一个穿着西装、戴着帽子的人非常认真地用墙上的地图给我们讲解路线。经过三十分钟精心准备的演讲，直到讲解最后一天的路线前，他才意识到忘记介绍地图的图例了，于是突然指出："白线代表道路，蓝线代表河流……"最后，他用一句漂亮的话结束了讲解，他说："你们想要攀登玛格丽塔，我们让你们梦想成真。"

鲁文佐里山是一个神奇且不同寻常的地方。海拔每相差一百米，景观和天气就会发生变化。灿烂的阳光、薄雾、细雨或倾盆大雨。太阳炙热的光线或湿冷且穿透力强的严寒。脚下的树根闪闪发光，泥巴粘在靴子上。尽管有登山靴，黑色的岩石还是很滑，雪在冰爪下噼啪作响。巨大的荆棘丛覆盖了大片区域，两边的山谷里满是巨大的野生黑莓，我们在荆棘丛中期待着看见黑猩猩用指尖仔细地采摘它们，这对他们来说是多么美味的佳肴啊……对我们也一样，尤其是在这漫长又艰辛的攀登过程中。然而，我们当中没有人敢品尝这些黑莓，因为根据山区的原住民巴孔佐人（Bakonzo）的传说，吃掉这些巨大的黑莓会触发森林神明的愤怒，那些没有分寸的人将会遇到一场大雨：这一传说有效地保护了生物多样性，使得自然资源免受掠夺，还保证了黑猩猩可以享用美味且不必与人类竞争……

在月亮山的山坡上度过的一个星期里，我们把身体和精神的所有状态都经历了一遍。热情和活力，极度的疲劳和挫败，焦虑、头痛、恶心，但最后是某种炽烈的情感将我们淹没：在海拔五千米的地方，太阳从我们脚下升起，越过锋利、闪光、明亮的山脉，闪耀着冰雪的光芒。黄色、橙黄色、橙色的苔藓让每个隐蔽的角落都变得舒适、松软、温柔。如果不是知道这种苔藓看起来如此舒适是因为吸满了水，那么我们可能会想要蜷缩在那里！我们只记得广阔的平原，古老的湖泊，半边莲巨大的花朵从湖里冒出来，周围是悬崖、山峰，还有被植被覆盖的岩壁。米卡多游戏棒①一样的竹茎，高高的树冠中的薄叶，凤仙花或者兰花隐蔽的花朵是笼罩着我们的绿色中唯一的粉色点缀。千里木拥有厚实、坚韧、发亮的叶子，形状像卷心菜，似乎没有什么能够破坏它们：无论遇上冰冻还是晴天，它们都显得那么顽强，那么生机勃勃。永久花散发出甜美清淡的香气，珍珠般的光泽如同晨雾中闪亮的花环。在这一海拔就没有黑猩猩了。算了，我们可能会在下山的路上碰到他们，也许还有鸟类和昆虫。

我记得在玛格丽塔冰川形成的冰墙脚下，我的心紧

---

① 米卡多游戏（Mikado）又名"挑竹签"，游戏人数两人及以上，玩法是在不移动其他竹签的前提下，把桌上散落错综的竹签取走，不同颜色代表不同分数，最后积分高者胜出。

紧地揪了起来……"啊，这就是我们要征服的地方？它实在太陡了，我们根本看不到这面墙的后面有什么东西在等待我们……我们必须爬上去，因为还没有到达可以回头的地方。"当我们钻进钟乳石的巨幕后，一幅景象出现在我面前：那是一个非常狭窄的雪檐，它向左倾斜出一个直角，却没有透露下一步有什么在等着我们，那条张着嘴的黑暗裂缝撕开了冰层，导游命令道："跳！[2]"我的双腿在本应该进行强力驱动的时刻发软了，但向我伸出的大手套和随之而来的微笑给了我信心，我贴着地面"起跳"，没有看就越过了那条裂缝。我的手套下是坚硬的岩石，手指间是冰冷僵硬的绳索，我的小腿肚发烫，呼吸急促。在玛格丽塔冰川上，我被绑在让-米歇尔和向导的绳子上，望向似乎仍然很遥远的山顶。震撼、恐惧和快乐的颤抖充盈着我的身体，疲劳或喜悦的眼泪，令人麻木的寒冷和背上沁出的汗珠，在这里的一切都极具冲击力。我也为我们的地球担忧：这是一记响亮的耳光。2014 年把我们从悬崖送到冰川脚下的梯子如今离冰面有三十米。向导们证实了这一点。我们每年都要核查通往冰川的路线，冰川正在肉眼可见地融化。谁知道在三年、五年或十年后，我们是否还需要冰镐和冰爪才能到达乌干达的屋脊？听向导们说，玛格丽塔冰川可能会在五年内完全融化。

在鲁文佐里，我们感觉自己充满活力。当峭壁夹岸的山谷的另一边回荡着黑猩猩气喘吁吁的叫声时，我们更觉如此。几小时前，这些黑猩猩留下了嚼过的嫩竹、深深的脚印和巨大的、形状完美的粪便，这暴露了他们肥胖的身材！在下山的路上，我们穿过竹林，又在另一个山坡上发现了他们存在的微小迹象。断掉的茎、竹纤维小团、粪便……在巴孔佐人的文化和传统中，黑猩猩的存在更加明显。社会中的一些部族拥有他们想要尊重和保护的图腾动物。巴坦吉人（Batangyi）就是这样，他们把黑猩猩视为兄弟。在这些陡峭的山坡上，在巴孔佐人的山上，在这茂密梦幻的植被中，我试图说服自己，没有人能够追捕和消灭这些山林的守护者——黑猩猩。除非人类被一种无法估量的疯狂左右，决心破坏这个自然界的奇迹，例如为了石油……在边界的另一边，从鲁文佐里山脉国家公园延伸出去就是维龙加国家公园①，它是非洲第一个国家公园，是联合国教科文组织认定的世界文化遗产。当我们惊叹于冰川、森林和河流的壮观景象时，有人向联合国教科文组织提议降低该公园的等级，以便在那里开采石油……维龙加国家公园里不仅生活着黑猩猩，还有最后的山地大猩猩。

　　黑猩猩们真的能在月亮山平静地生活吗？我想，如

---

① 维龙加国家公园（Parc national des Virunga）位于刚果民主共和国东部北基伍省，紧靠乌干达和卢旺达的边境地带，地貌多种多样，山地大猩猩、河马等动物栖息在其中。

果人类给他们一点喘息的时间，他们会在冰川中生存下来。但有时我也会担心。不仅在乌干达，在法国也一样，因为总有一些人毫无保护意识……

我们能否保护我们的近亲？

2017 年 10 月 7 日，幽默作家洛朗·巴菲（Laurent Baffie）来到 C8 电视台《你好地球人》（*Salut les Terriens*）公开录制的演播厅。他手牵一只身穿粉色裙子的雌性黑猩猩，坐在主持人蒂埃里·阿迪森（Thierry Ardisson）的其他嘉宾旁边。他们对巴菲与黑猩猩蒂比所谓的"性关系"开了很多玩笑，还进行了许多不恰当的下流影射。在此之后，蒂比猛地冲向魁北克歌手罗伯特·沙勒布瓦（Robert Charlebois），他是演播厅里的六位嘉宾之一。这次攻击是在巴菲宣称"原则上，把动物带到演播厅是不好的"之后发生的。而且在回答罗伯特·沙勒布瓦的问题时，巴菲承认自己"完全无法控制她"。其他时候，猿类（比如黑猩猩或者红毛猩猩）在电影中的出现能让我激动得跳起来。我正在努力收集知名人士的意见，希望我准备的信能产生更大的影响。

2018 年 6 月 21 日，我们向法国高级视听委员会（CSA）提交了一份诉讼信：由巴黎律师协会的律师阿诺·克拉斯菲尔德（Arno Klarsfeld）撰写，由佛教徒马修·里卡德（Matthieu Ricard）、法国企业运动（Medef）

的前主席劳伦斯·帕里索（Laurence Parisot）、巴黎市议员扬·韦林（Yann Wehrling）和我共同签署，我们在信中强调了此次拍摄对黑猩猩的不尊重，以及这个节目传播的野生动物形象之糟糕。2017年的法国，人们怎么能把属于濒危物种的动物打扮起来嘲笑，还将在场的人和这只黑猩猩置于险境？如果情况恶化，这只黑猩猩可能会被射杀。我们收到了一份答复，称委员会在2018年9月5日的会议上"特别考虑到《农村法》和《民法》中关于动物待遇和地位的规定，对这一期节目进行了审查。审查指出，录制的舞台（服装、角色）和演播厅内的反应导致该动物产生压力，并攻击了其中一位嘉宾。在这种情况下，委员会决定要求C8的负责人以合适的方式展示台上的动物"。

可以说，这是第一步……我们想知道，在高级视听委员会看来，什么是电视台对黑猩猩"合适的展示方式"：对谁合适？对黑猩猩吗？《刑法》指出，环境应适应物种的生物需求……这与演播厅的情况完全相反。适合公众和嘉宾的安全吗？这意味着需要在笼子里展示黑猩猩……适合呈现一个野生物种吗？没有适合演播厅的形式。所以说，很难给出一个比这更模糊的答案了。但我们至少可以希望，该频道在之后的节目中，在形象（不打扮黑猩猩）和安全方面，更加认真对待迎来的动物。

这个问题目前是西方社会辩论的核心，也是我们的研究主题，因为我在博物馆工作的部门研究的就是人类和动物之间的关系，无论是野生的还是家养的，为了消遣的还是负责工作的，普通的还是出众的。记住，对有些人来说妙不可言的东西在其他人看来可能很普通，甚至会被排斥，甚至对别人有害，这取决于文化和新出现的冲突局势。因此，动物在我们社会中的地位，他们的痛苦，他们为我们的快乐或需要而死亡，这些都是棘手的问题。

辞职 VS 合作

2018 年 8 月 28 日，尼古拉·于洛（Nicolas Hulot）辞去生态转型和国土协调部部长一职。大自然在爱德华·菲利普①政府中最大的盟友离开了，他对自己在任十六个月期间迈出的步伐之微小（他的原话）感到沮丧和失望。猎人们终于"扒下了部长的皮"。尼古拉·于洛在几个月前为更健康的食物、减少杀虫剂、减少我们国家在森林砍伐中所占的份额进行了战斗。这位在大小事务上不顾个人安危的人已经对糟糕的战斗结果感到失望了，他不能再忍受总统选择听从狩猎和枪械集团头领的决

①　爱德华·菲利普（Édouard Philippe）于 2017 年 5 月至 2020 年 7 月 3 日任法国政府总理。

定……这当然不是他辞职的原因，但这是对他作出的承诺的过分凌辱。这件事让他意识到，即便身为国家部长也无法推动事情的进展，承认自己面对猎人、密集型农业和消费主义败下阵来，令人感动，也令人愤怒……对于很多法国人来说，也包括我，这是崩溃的象征。缺乏长远目光、经济和生态模式之间矛盾重重、拒绝面对气候危机、生物多样性遭到侵蚀、对人类健康造成威胁，这些都令人恐惧。尼古拉·于洛在结合团结、生态和健康的基本斗争中展现出的诚意和勇气并没有赢得总统的青睐，后者更愿意赢得农民和猎人的选票，而不是从那些对地球命运和动物福利敏感的人那里获得选票。我们想知道，如果尼古拉·于洛凭借他的信念、经验和诚意都无法说服这个政府，那么还有谁能做到呢？

在如此关键的时刻，科学家和非政府组织呼吁行动刻不容缓，时任部长的尼古拉·于洛以一己之力在政府内部组织了一场需要合作的斗争。遗憾的是，我们的政治家们没有从"黑猩猩的政治"中得到更多的启发，这个说法源自弗朗斯·德瓦尔①的著名作品[3]！黑猩猩都知道合作是成功的保证。尼古拉·于洛的辞职完美地说明

① 弗朗斯·德瓦尔（Frans de Waal）是荷兰的心理学家、动物学家和生态学家，美国艾默里大学灵长类动物行为学教授。代表作《黑猩猩的政治——猿类社会中的权力与性》（*Chimpanzee Politics: Power and Sex among Apes*）。

了为什么我们捍卫的事业往往是一纸空文，环境人为过度影响的后果是复杂的，减少其负面影响的解决方案也是复杂的。如果不考虑整体的影响，不采取一致的行动，那么努力将是徒劳的。2019年5月6日，生物多样性和生态系统服务政府间科学政策平台（IPBES）出具的一千七百页的报告汇集了三年的数据分析，具有权威性：由于对自然的过度开发，一百万个物种在不久的将来面临灭绝的威胁。从地方到全球的各个层面都需要采取紧急行动。

在尼古拉·于洛担任协调部长的十六个月里，我们发表了一封由五十多位知名人士和一万五千多位公民共同签名的信，旨在提醒政府注意猿类即将消失的问题。在一次提高生物多样性认识的午餐会上，我受到了尼古拉·于洛和总理爱德华·菲利普的接见……我们的斗争向前迈出了几小步，这表明，在人类的近亲的消失这个问题上，也许不全是漠不关心。在2018年7月公布的政府生物多样性计划的第六十一项行动中，"猿类"一词出现了……这项行动承诺在国际层面上减少人类活动对森林和生活在其中的物种的影响。我们还希望在动物福利的法律上有所突破。可以从修订有关猿类的条款开始，接着为其他类别的野生或驯养动物的相关条款更改敞开大门……

黑猩猩，法国法律中的"财产"！

目前，在法国《民法典》中，自由的野生动物并不存在：实际上，动物在法国的法律中并没有真正的地位。法典里存在两种身份：人和财产。而动物受财产制度约束。但我们又承认他们是有知觉的，从而认为他们不是一种财产。《农村法》只考虑有主人的动物的情况。而《刑法》只规定了对虐待家养、驯养或捕获的动物的处罚。[4] 因此，有主人或由实验室管理的家养或野生动物被认为是财产、物品、动产，尽管他们是有知觉的，而野猪、狐狸、野兔或野生黑猩猩则没有出现在条文中。因此，一名法国男性或女性可以折磨一只鹿、一匹狼、一只刺猬、一只喜鹊或一头熊却不被起诉……法律把有知觉的动物纳入财产制度的约束，这难道不令人震惊吗？

对于有主人的黑猩猩来说，情况也好不到哪里去。实际上，主人可以对他们做一些相当令人费解的事情，但人们并不会为此而震惊。例如，为生日派对租用黑猩猩就有可能成为一项有利可图的生意：支付五千欧元就可以让蒂比进行两到三小时的表演。蒂比是倭黑猩猩和黑猩猩杂交的后代，只要支付一笔高昂的费用，她就可以由主人化妆打扮后出席。蒂比就是被邀请在C8电视台节目中出镜的那只黑猩猩。也就是说，在法国领土上是可以租借蒂比或者她的兄弟姐妹的，就像他们那些出演过广告的亲戚一样。比如在 20 世纪 90 年代的著名广告中，一群黑猩猩穿着衣服宣传奥妙洗衣粉的优点。让黑猩猩用盘子吃饭和骑自行车引得人们哄堂大笑。看着如此对待与我们那么相似且具有知觉的生物，人们既没有愤怒，也没有羞愧。

如何动员？

法律应该允许承认猿类的法律人格。一种可行的办法是强调我们共同的历史和基因，为了不让我们的进化兄弟消失，给予人科动物①特殊的法律地位。一些国家已经立法，将猿类视为人，尽管不是人类，也不能被囚禁。2017 年 4 月 5 日，一只十九岁的雌性黑猩猩塞西莉亚获得了人身保护令（一项禁止未经审判而监禁的盎格鲁-撒克逊法令），保护令允许她从阿根廷的一座动物园退休，因为她在独自生活的围栏中无法摆脱周围的目光。此前，同样是在阿根廷，二十九岁的红毛猩猩桑德拉也获得了这项保护令。因此，我们可以要求将猿类在法国领土上自由（或半自由）地生活、不受身体或心理折磨的权利写入法国法律。我们还可以通过立法，要求法国人不再损害他们的生活环境和生态系统。

---

① 人科动物除了人属还包括猩猩属、大猩猩属和黑猩猩属。

黑猩猩，法人

2015 年，阿根廷的布宜诺斯艾利斯最高法院和纽约最高法院授予位于长岛的石溪大学使用的两只黑猩猩——赫拉克勒斯和里奥——"非人类"的个人身份，并允许他们享受人身保护令的待遇。因此，正如为动物权利而战的美国组织"非人权利项目"（Nonhuman Right Project）的法律备忘录指出的那样："'合法的人'从来都不是'人类'的同义词。在西方法律中，它指的是鉴定拥有权利的实体的基本范畴。'法律人格'意味着'他'无论是被奴役还是自由的，都有意义、有生、有死。"在这两只黑猩猩都是自主的、自决的（他们的行为基于选择，根据他们感受到的客观和欲望进行分辨，而不是本能反应或先天行为），且具有自我意识的前提下，将他们归为"法定的东西"（*legal things*）是"过时的、不合理的、不道德的、有偏见的、不公平的、不合法的、危险的"。报告详细描述了黑猩猩的能力：尤其是情景记忆，指向性和意向性交流，同理心，工作记忆，语言，物质、符号和社会文化，他们会规划，能够理解因果关系，能够想象、模仿、创新，从而制造新工具……我们与黑猩猩共享 99% 的 DNA，他们比大猩猩更接近人类。甚至我们的血液也可以互换：如果血型相配，我们可以把自己的血输送给黑猩猩，也可以接受他们的血……他们的大脑和人类一样是不对称的，这表明他们有复杂的交流和语言能力。他们拥有被称作"冯·艾克诺默"（von Economo）的纺锤体神经元，参与情感学习和社会信息处理……因此，根据非人权利项目，现在是时候承认他们为合法的人了。然而司法程序却中止了：石溪大学将赫拉克勒斯和里奥送回了售卖他们的中心，该中心位于路易斯安那州，因此能够阻止纽约法院的介入。

利摩日大学法学教授让-皮埃尔·马格诺（Jean-Pierre Marguénaud）表示，在法国，法律人格，即拥有权利和义务的资格，被赋予自然人和法人（公司、协会、国家等）：这种地位应该首先被赋予动物，特别是某些类别的动物。因此，修改法国的法律是尝试阻止我们的近亲消失的办法之一，还能让人们意识到，我们仍有幸能与这些我们知之甚少的迷人生物分享这颗地球。

黑猩猩，"人类的遗产"

为了扩大影响范围，我们还可以通过联合国教科文组织的公约声明猿类为"人类的遗产物种"。拯救猿类不仅是他们所生活的国家的事，我们也不能免除自己的那份责任。猿类是与我们无比相似的物种，所有人类都应该确保他们得到保护。我们早在 2006 年就设想过这种可能性，为了讨论这个问题，我们甚至在国家自然历史博物馆进行了一整天的会议和辩论，如今我们重拾了这一想法。

　　和在法律方面一样，一个重要的问题很快出现了：为什么是猿类，而不是其他灵长类动物、其他动物或生物？这种地位难道不会在猿类和其他灵长类动物之间，或者在人科动物和其他动物之间，竖起新的隔阂吗？这种分类的标准完全基于系统发育的相近性，比如自我意识。在这种情况下，必须要用完全相同的方案测试大量的物种，并考虑加入大象和鲸目动物。我们也可以不按照他们的认知能力来分类，而是更全面地考虑所有具有知觉的或"有感受力的"生命（动物伦理学术语，指有能力体验痛苦和快乐的生物）。

"伞"护种

　　另一个方案是强调某些标志性物种在保护生物多样性或特定的生态系统方面所具有的关键作用。他们可以凭借自己的魅力动员身边的广大民众，帮助保护成百上千个与他们共享栖息地的植物和动物物种。这就是我们说的"伞"护种。他们也可能在这个生态系统中具有功能性作用，例如通过粪便播撒种子，催生新的树木，使森林再生。而且，由于猿类食用含有大种子的大果实，也许他们是唯一能够播撒这些种子的动物：在这种情况下，黑猩猩应该可以被认为是一个"关键"物种。同样，保护猿类从而保护森林可以被视为对人类有益的行为。

他们居住的热带森林是地球的肺，是保证空气可供我们呼吸的条件。热带森林还为人类提供了宝贵的资源：建筑用木材、能源、纸张和包装、底土中的矿产资源、野味、水、药品、食物……

为了保护野生动物，赋予其经济价值是一种解决办法吗？而且，如果我们认为每个物种的固有价值足以使其受到尊重，那么拒绝对生活在贫困和饥饿中的国家和人民采取经济方法是否符合道德？

这种以拯救物种为核心的生态和经济方法往往被认为与保护个体相悖，因为它将人类的利益置于动物的利益之上：我们保护森林是因为森林对人类有用，具有经济价值，而不是为了保护动物及其福利。具有象征意义的物种，比如黑猩猩，只是作为感动消费者的手段而存在。这里有两个概念和两种思潮之间的矛盾：动物法（个体的）和环境法（物种、种群、生态系统的）。如果保护个体和保护物种之间的争论阻碍了动物法的发展，那将会非常可惜。这两种方法应该协调统一，限制对动物的虐待和残害，促进积极义务，比如保护和恢复栖息地或森林碎片间的连通性。此外，在建设基础设施或者授予森林或矿业特许权时，应该考虑到物种和个体两方面的需求，拯救被人类活动伤害或影响的动物。

动物权利理论和素食运动的支持者认为，将动物从驯化和剥削中解放出来，从而使其摆脱对人类的依赖是势在必行的。在这个意义上，即便是积极的关系，比如关心和照顾那些不再被人类奴役的生命，也是不正当的。根据这一理论，既然动物应该自由地生活，远离人类及其束缚，那么家养动物将不复存在。这种类型的关系是乌托邦式的，除非人们希望家养物种消失。如今，不仅家养动物依赖人类的照顾，狐狸、蝙蝠甚至虎皮鹦鹉等"野生"动物也都生活在我们的城市里，未经开发的原始热带森林已然不复存在。我跟踪的黑猩猩就更喜欢公路的边缘和两侧，而不是成熟森林区。他们还非常喜欢人为培育的玉米，这种玉米比森林里的食物更有营养、更甜、更密集——然而不幸的是，污染更严重！到底发生了什么，让我们不再觉得自己是大自然的一部分，让我们不再觉得自己和其他物种一样，只是这张网中的一部分？

猿类，自然与文化之间"不可或缺的环节"

"对我们来说，黑猩猩就是那些从社区逃到森林并在野外生活的人。在我们当地的语言里，我们不用'黑猩猩'这个词来称呼他们，而是叫他们'祖父'或者'森林所有者'。黑猩猩聪明伶俐，知道使用树枝作为工具，每天晚上会自己搭床睡觉。他们还是我们的报时员，每天早上6点钟发出告警的吼叫。"

2018 年 10 月 22 日，我们参加了在卢森堡宫①美第奇会议厅举办的论坛。朱利叶斯·卡冈达（Julius Kaganda）是乌干达穆孔佐族人，穆孔佐族（Mukonzo）是生活在鲁文佐里山坡上的一个民族。在他之前，参议员罗南·丹泰克（Ronan Dantec）、法国企业运动前主席劳伦斯·帕里索和国家自然历史博物馆的两位研究人员都发了言。在他之后，生态转型和国土凝聚部部长弗朗索瓦·德鲁吉（François de Rugy）、众议员洛伊克·东布勒瓦尔（Loic Dombreval）和律师阿诺·克拉斯菲尔德将会进行发言。这是朱利叶斯第一次离开他的国家，第一次乘坐飞机和地铁，但他丝毫不为所动，他的声音很清晰，他传达的信息完美地引起了共鸣。

猿类在一些传统文化中占据着特殊地位。在乌干达的六十五个民族中，有些民族崇拜动物、植物或物件图腾，这说明人类是整体的一部分。在乌干达西部的巴孔佐、巴尼奥罗两个民族中，黑猩猩具有文化和精神价值。巴孔佐族的部落还以水牛、狒狒、织巢鸟或珍珠鸡为图腾，图腾之间没有等级关系……巴坦吉部是巴孔佐族的十五个部落之一，以黑猩猩为图腾。部落成员对黑猩猩有一种身份上的归属感。

---

① 卢森堡宫（Palais du Luxembourg）位于法国首都巴黎第六区卢森堡公园内，是法国参议院的所在地。该宫殿始建于 1615 年，当时是亨利四世的王后玛丽·德·美第奇的住所。

巴坦吉部的一位成员本应该作为向导，在 2018 年 7 月陪同我们攀登玛格丽塔峰。我很高兴，在这了不起的大自然中跋涉，并从中进一步了解巴坦吉人与黑猩猩及其环境的关系，这是非常美妙的事。不巧的是，这位导游在最后一刻选择放弃参与我们的探险。因此在回来之后，我决定与鲁文佐里一个协会的主席就人与动物之间的这种特殊关系展开交流，这个协会在几周前曾经与我联系，希望我能够帮助生活在他们村庄附近的黑猩猩进行"习惯化"训练。我就是这样认识了基奇达协会（association Kichida）的负责人朱利叶斯·卡冈达，并开始了我们的讨论。

我正在逐步了解月亮山的居民与黑猩猩之间的关系。朱利叶斯生活在一个没有通电的山村里，他从来没有坐过飞机，除了通过手机 Whats App 联络，我还没有见过他，但他立刻同意到法国来。他告诉法国参议院，为什么他为自己是一名尊重且崇敬黑猩猩的巴坦吉部落成员而感到自豪，这对他来说似乎是理所应当的事。出租车把他从鲁瓦西①送到特罗卡德罗的人权广场②，就在我的

① 鲁瓦西（Roissy）是巴黎戴高乐机场（Aéroport Paris-Charles-de-Gaulle）所在地。

② 特罗卡德罗（Trocadero）位于巴黎十六区，与埃菲尔铁塔隔塞纳河相望。人权广场（Parvis des Droits de l'Homme）这一名字是为了纪念 1948 年 12 月 10 日在夏乐宫（Palais de Chaillot）通过的《世界人权宣言》。

办公室下面，当他从出租车里出来时，我很是感动。他一脸严肃、带有使命感地向我伸出了手臂，一个乌干达式的*拥抱*①，有木柴点燃的味道。终于，在几周的电话联系之后，我们将一起度过一个星期。后来，朱利叶斯告诉我："我是十个孩子的父亲。他们中最大的二十五岁，最小的三岁。"他翻出电脑里的文件，给我看了一个胖乎乎的、光着身子的小人，他正在挂在树上的木板上荡秋千。他继续说："你看，他还很小，但我教他要像黑猩猩一样灵巧。他必须能在森林中生活，拥有我们祖先的智慧。如果他牙疼，就得嚼我们表兄弟留下的嫩竹竿。"

我认为，朱利叶斯在参议院的发言是当天最有力、最优美的，内涵丰富、感性、直率。我们试图通过遗传学、古生物学、动物行为学和生态学的数据以及科学出版物说服人们，我们属于猿类家族。我们想要说明，人类不是世界上唯一拥有文化的群体，我们是大自然的一部分。科学被认为是万能的。但朱利叶斯告诉我们，几个世纪以来，他的族人认为，我们和黑猩猩来自同一个家族，有着相同的血脉，黑猩猩是决定在森林中自由野蛮地生活的人，我们必须向他们学习如何行动、如何治疗牙痛，他们是我们正在破坏的这片森林的主人。朱利叶斯的发言就是最好的证明。

―――――――

① 原文为英文"hug"。

结论
预测未来的最好方式是创造它[1]

研究黑猩猩可以更好地了解我们自己。用这种方式探询我们的起源、我们行为的起源、我们的实践和知识（医学、烹饪……）是否正当？这难道不是一种人类中心主义的追求吗？我们只承认黑猩猩作为我们的近亲所拥有的能力，以便夸耀我们自身所谓的优越性。在我看来，通过研究进化的方法更好地了解我们这个物种，其实是更好地欣赏我们与其他物种之间的差异，并在一些物种中发现曾经被认为是只有人类才拥有的能力。

"那只猿猴"引人发笑、惹人嘲弄，为什么？他是我们的近亲，是与我们最相似的生物。这一过于相近的形象反映了什么？我们并不是独一无二的：除我们之外的非人类也有文化，也会笑，有良好的沟通，有一定的计划性，有政治和道德观念，会使用工具，有惊人的记忆力，会度蜜月，有情感……不仅猿类有这些能力和行为，各种各样的其他物种也有：从昆虫到鸟类，再到陆地或海洋哺乳动物。蚂蚁和鸟类会进行自我药疗，大象、魔鬼鱼和喜鹊能在镜子里认出自己，章鱼、水獭和山雀会使用工具，鲸（抹香鲸或海豚）的每个群体都有其特有的语言，还会对他们的同伴以及其他物种的个体表现出同情——这些能力在进化过程中以马赛克的方式出现，不像我们一直以来认为的线性方式。如果说野生黑猩猩让我明白，他们对森林的适应程度比我们高太多了，那么我也很快意识到，我们的局限性不仅仅是身体上的。记住果树每年所在的位置，在森林的迷宫中判断方向，通过声音辨认出同胞，知道自己在社群中的阶级地位，而且这个社群有近百名成员，其中一些一年只见过几次，这些都需要认知能力、空间记忆能力和社会技能，而在这些方面，黑猩猩无疑是比我们强的。

在给公众做讲座的交流环节，我常常会意识到，"万能人类"的神话依然盛行，要让人类离开神坛又不伤害他们的自尊心没有那么容易。然而有一点必须指出，在某些时刻，我们可以达成一致：或许这种万能最终会表现为人类对地球的掌控。人类已经征服了所有的环境（陆地、海洋、天空），而我们的近亲仍然需要生活在热带森林中。他们依靠这些森林，因此现在要依靠我们，因为我们掌控着对他们至关重要的生存资源。然而讽刺的是，我们也一直依靠着这些森林。没有森林，我们的未来岌岌可危。如果没有森林调节温度，过热的地球会将我们毁灭。除了一些罕见的、传闻中的例子，大部分黑猩猩都没有长期储存、保存或者规划物品的习惯。黑猩猩是不定居的，每天晚上都会更换睡觉的地方，这导致他们无法布置空间来保存自己或公共的物品。

远离人类生存？

2017 年 11 月，我们在一份被媒体广泛报道的科学出版物中发现了一种新的红毛猩猩。[2] 这样一只重达一百多千克、毛色鲜红的动物怎么会在之前从来没有被注意到过？原来是因为他们生活在苏门答腊①的一个山区，那里没有前去冒险的游客或科学家。直到对其中一只的骨架（这只红毛猩猩可能因为离村民的田地太近而被杀死）进行分析时，研究人员才注意到他与其他猩猩基因和形态上的差异，并提议将这个新的分类命名为"塔帕努利红毛猩猩"。这份出版物非常实用，它在透露这一惊人消息的同时，还痛心地宣布，该物种的数量只有八百只，更不幸的是，这种红毛猩猩将受水坝建设的影响而濒临灭绝，因为水坝会将其栖息地分割成碎片，减少了混合遗传的机会。隐居在山区的塔帕努利红毛猩猩的未来会是什么样的？

---

① 苏门答腊（Sumatra）是东南亚印度尼西亚西部的一个大岛，位于赤道地区，是世界第六大岛屿。

猿类代表了自然和文化之间、我们的起源和未来之间脆弱且短暂的联系。他们是哨兵，不仅在生物学意义上提醒我们注意地球的状况，还对我们的文明进行了更哲学的表达。在 20 世纪，猿类与人类的相近造成了他们的不幸。由于猿类的生理和病理与我们非常相似，他们成了地上的生物医学研究和天上的空间研究的最佳小白鼠。而在马戏团和广告里，把他们乔装成人类往往能引发哄堂大笑。在 21 世纪，我作为一名年轻的研究员开始了工作。从象征意义上讲，我愿意相信这个日期不是一个巧合，这表明我们把握住了一个转折点。我希望阐明，在自然界，猿类对人类来说非常重要，他们引导人类找到对医学有用的分子，提醒人类注意地球之肺——热带森林的状况、杀虫剂的风险，还反映了人类社会的道德。我们首先意识到，在猿类身上进行动物实验已经不再可能了。我们现在是否已经准备好为所有的非人类而战，愿意为了减少他们的痛苦、抵抗他们的消亡而改变我们自己的生活方式？我们是否能够不只考虑我们个人的福利和享乐，并从总体上改变我们的消费和行为？如果我们不能启动和落实方案来拯救我们的近亲，使其免于灭绝之灾，那么我们会为一只在生活中同样重要的青蛙或昆虫这么做吗？

　　不过，跟踪黑猩猩从而发现人类医学的新分子……这是我真正的目的吗？不是，说实话，我最大的愿望莫过于知道塞比托利的黑猩猩平静地生活在森林里，手臂和腿上都没有套索。当然，如果最后我能够因为他们而发现一个新的分子或推动化学上的科学认知，我也会感到满足，因为有一部分功劳归他们所有。但这些都是附带的，如果发生那就更好了。要是阿波罗能在五六十年的时间里自由地长大，并在森林里的亲友身边年迈而终，那我们就非常成功了。

我不会甘心让塞比托利森林变成一片死寂。我想听到那些有力的呼喊，那些生命的迸发，一开始是叹息，最后是四五个声音的高亢合唱，穿过山谷，撕开乳白色薄雾中厚重的黎明或某个下午令人窒息的热浪。我不会甘心看到，我们的进化兄弟因为一两代人类的过错而灭绝，数百万年来，他们一直居住在这些森林里，而这些森林又在我们的废纸篓或花园里告终。我们的愚蠢、投机、否认、肯定，会不会真的就这样把黑猩猩逼到绝境？一方面是过快的速度，过多的路程，过多的石油，过多的腐败，还有对石油、可可或钶钽铁矿石过多的贪婪；另一方面是制度的惰性、盲目、退缩、没落。我愿意相信，惊奇、尊重和感动，甚至对暗淡的未来、对我们物种消失的恐惧，都比贪婪更有力；我愿意相信，我们正在迈向气候和生物多样性斗争的新胜利。

注释

第二章 黑猩猩社群中的秘密

1. D. Biro, T. Humle, K. Koops, C. Sousa, M. Hayashi et T. Matsuzawa, "Chimpanzee Mothers at Bossou, Guinea, Carry the Mummified Remains of their Dead Infants", *Current Biology*, 2010, 20(8), R351 – R352.

2. P. J. Fashing, N. Nguyen, T. S. Barry, C. B. Goodale, R. J. Burke, S. C. Jones, V. Venkataraman *et al.*, "Death among Geladas *(Theropithecus gelada)*: a Broader Perspective on Mummified Infants and Primate Thanatology", *American Journal of Primatology*, 2011, 73(5), p. 405 – 409.

3. 原文为英语, 法语译为 "Ils épouillent leurs enfants morts comme les chimpanzés."

4. E. J. Van Leeuwen, I. C. Mulenga, M. D. Bodamer et K. A. Cronin, "Chimpanzees' Responses to the Dead Body of a 9-Year-Old Group Member", *American Journal of Primatology*, 2016, 78(9), p. 914 – 922.

5. S. Bortolamiol, M. Cohen, K. Potts, F. Pennec, P. Rwab-

urindore, J. Kasenene, A. Seguya, Q. Vignaud et S. Krief, "Suitable Habitats for Endangered Frugivorous Mammals: Small-Scale Comparison, Regeneration Forest and Chimpanzee Density in Kibale National Park, Uganda", *PLOS ONE*, 2014, 9(7), e102177. DOI: 10. 1371/journal. pone. 0102177.

6. M. N. Muller, M. E. Thompson et R. W. Wrangham, "Male Chimpanzees Prefer Mating with Old Females", *Current Biology*, 2006, 16(22), p. 2234 – 2238.

第三章　塞比托利，一幅拼图

1. S. Bortolamiol, M. Cohen, F. Jiguet, F. Pennec, A. Seguya et S. Krief, "Landscape and Biodiversity Management: Application of Species Spatial Distribution Model to an Endangered African Mammal", *Journal of Wildlife Management*, 2016, 80(5), p. 924 – 934.

2. S. Krief, M. Cibot, S. Bortolamiol, A. Seguya, J.-M. Krief et S. Masi, "Wild Chimpanzees on the Edge: Nocturnal Activities in Croplands", *PLOS ONE*, 2014: DOI: 10. 1371/journal. pone. 0109925.

3. S. Bortolamiol, M. Cohen, K. Potts, F. Pennec, P. Rwab-urindore, J. Kasenene, A. Seguya, Q. Vignaud et S. Krief, "Suitable Habitats for Endangered Frugivorous Mammals: Small-Scale Comparison, Regeneration Forest and Chimpanzee Density in Kibale National Park, Uganda", *PLOS ONE*, 2014, 9(7), e102177. DOI: 10. 1371/journal. pone. 0102177.

第四章 完全不同

1. 参考电影《吾儿唐吉》，该电影由埃蒂安·夏蒂利埃（Étienne Chatiliez）执导，于 2001 年上映。

2. S. Masi, E. Gustafsson, M. Saint Jalme, V. Narat, A. Todd, M. -C. Bomsel et S. Krief, "Unusual Feeding Behaviour in Wild Great Apes, a Window to Understand Origins of Self-Medication in Humans: Role of Sociality and Physiology on Learning Process", *Physiology & Behavior*, 2012, 150, p. 337 - 349.

第五章 不可思议的做法

1. E. Adjanohoun et L. Ake Assi, *Contribution au recensement des plantes médicinales de Côte d'Ivoire*, Centre national de floristique, Université d'Abidjan, 1979.

2. L. Ake Assi, J. Abeye, S. Guinko, R. Giguet et X. Bangavou, *Contribution à l'identification et au recensement des plantes utilisées dans la médecine traditionnelle et la pharmacopée en République centrafricaine*, Agence de coopération culturelle et technique (ACCT), Paris, 1981. P. Staner et R. Boutique, *Matériaux pour l'étude des plantes médicinales indigènes du Congo belge*, Institut royal colonial belge, G. Van Campenhout, Bruxelles, 1937. C. Daruty, *Plantes médicinales de l'île Maurice et des pays intertropicaux*, General Steam Printing Company, Maurice, 1886, https://archive.org/details/b24400270, p. 215.

3. A. Raponda-Walker et R. Sillans, *Les Plantes utiles du Gabon. Encyclopédie biologique*, Paul Lechevalier, Paris, 1961.

4. L. Ake Assi, J. Abeye, S. Guinko, R. Giguet et X. Ban-gavou, *Contribution à l'identification et au recensement des plantes utilis ées dans la m édecine traditionnelle et la pharmacopée en R épublique centrafricaine*, Agence de coop ération culturelle et technique (ACCT), Paris, 1981. P. Staner et R. Boutique, *Matériaux pour l'étude des plantes m édicinales indigènes du Congo belge*, Institut royal colonial belge, G. Van Campenhout, Brux-elles, 1937. C. Daruty, *Plantes m édicinales de l'île Maurice et des pays intertropicaux*, General Steam Printing Company, Maurice, 1886, https://archive.org/details/b24400270, p. 215.

5. R. W. Wrangham et T. Nishida, "*Aspilia* spp. Leaves: a Puzzle in the Feeding Behavior of Wild Chimpanzees", *Primates*, 1983, 24(2), p. 276 – 282.

6. M. A. Huffman et M. Seifu, "Observations on the Illness and Consumption of a Possibly Medicinal Plant *Vernonia am ygdalina* (Del.), by a Wild Chimpanzee in the Mahale Mountains National Park, Tanzania", *Primates*, 1989, 30 (1), p. 51 – 63.

7. S. Krief, M.-T. Martin, P. Grellier, J. Kasenene et T. S évenet, "Novel Antimalarial Compounds Isolated after the Survey of Self-Medicative Behavior of Wild Chimpanzees in Uganda", *Antimicrobial Agents and Chemotherapy*, 2004, 48 (8), p. 3196 – 3199.

8. S. Krief, F. Levrero, J.-M. Krief, G. Snounou, J. M. Kasenene, M. Cibot, et J.-C. Gantier, "Investigations on Anopheline Mosquitoes Close to the Nest Sites of Chimpanzees

Subject to Malaria Infection in Ugandan Highlands", *Malaria Journal*, 2012.

9. S. Krief, A. A. Escalante, M. A. Pacheco, L. Mugisha, C. André *et al*., "On the Diversity of Malaria Parasites in African Apes and the Origin of *Plasmodium falciparum* from Bonobos", *PLOS Pathogens*, 2010, 6(2), e1000765. DOI: 10.1371/journal.ppat.1000765.

10. S. Krief, M. Huffman, T. Sévenet, C. M. Hladik, P. Grellier, P. Loiseau et R. W. Wrangham, "Bioactive Properties of Plants Species Ingested by Chimpanzees *(Pan troglodytes schweinfurthii)* in the Kibale National Park, Uganda", *American Journal of Primatology*, 2006, 68, p. 51–71. D. Lacroix, S. Prado, D. Kamoga, J. Kasenene, J. Namukobe, S. Krief, V. Dumontet, E. Mouray, B. Bodo et F. Brunois, "Antiplasmodial and Cytotoxic Activities of Medicinal Plants Traditionally Used in the Village of Kiohima, Uganda", *Journal of Ethnopharmacology*, 2011, 133(2), p. 850 – 855. J. Namukobe, J. M. Kasenene, B. T. Kiremire, R. Byamukama, M. Kamatenesi-Mugisha, S. Krief, V. Dumontet et J. D. Kabasa, "Traditional Plants Used for Medicinal Purposes by Local Communities around the Northern Sector of Kibale National Park, Uganda", *Journal of Ethnopharmacology*, 2011, 136(1), p. 236245.

11. S. Krief, O. Thoison, T. Sévenet, R. W. Wrangham et C. Lavaud, "Novel Triterpenoid Saponins Isolated from the Leaves of *Albizia grandibracteata* Ingested by Primates in Uganda", *Journal of Natural Products*, 2005, 68, p. 897 – 903.

12. S. Klein, F. Fröhlich et S. Krief, "Geophagy: Soil Consumption Enhances the Bioactivities of Plants Eaten by Chimpanzees *(Pan troglodytes schweinfurthii)*", *Naturwissenschaften*, 2008, 95 (4), p. 325 – 331. 12. S. Krief, C. Daujeard, M. H. Moncel, N. Lamon et V. Reynolds, "Flavouring Food: the Contribution of Chimpanzee Behaviour to the Understanding of Neanderthal Calculus Composition and Plant Use in Neanderthal Diets", *Antiquity*, 2015, 89(344), p. 464 – 471.

13. S. Krief, A. Jamart et C. M. Hladik, "On the Possible Adaptive Value of Coprophagy in Free-Ranging Chimpanzees", *Primates*, 2004, 45(2), p. 141 – 145.

第六章　人类中的黑猩猩

1. M. Osvath, "Spontaneous Planning for Future Stone Throwing by a Male Chimpanzee", *Current Biology*, 2009, 19 (5), R190 – R191.

2. A. Lanjouw, "Behavioural Adaptations to Water Scarcity in Tongo Chimpanzees", *in* C. Boesch, G. Hohman et L. Marchant, *Behavioural Diversity in Chimpanzees and Bonobos*, Cambridge University Press, 2003.

3. N. Tagg, M. McCarthy, P. Dieguez, G. Bocksberger, J. Willie, R. Mundry, A. Agbor *et al.*, "Nocturnal Activity in Wild Chimpanzees *(Pan troglodytes)*: Evidence for Flexible Sleeping Patterns and Insights into Human Evolution", *American Journal of Physical Anthropology*, 2018, 166(3), p. 510 – 529.

4. M. Cibot, S. Bortolamiol, A. Seguya et S. Krief, "Chimpanzees Facing a Dangerous Situation: A High Traffic Asphalted Road in the Sebitoli Area of Kibale National Park, Uganda", *American Journal of Primatology*, 2015, 77(8), p. 890 – 900.

5. S. Krief, D. P. Watts, J. C. Mitani, J.-M. Krief, M. Cibot, S. Bortolamiol, A. G. Seguya et G. Couly, "Two Cases of Cleft Lip and Other Congenital Anomalies in Wild Chimpanzees Living in Kibale National Park, Uganda", *The Cleft Palate-Craniofacial Journal*, 2015, 52(6), p. 743 – 750. S. Krief, J.-M. Krief, A. Seguya, G. Couly et G. Levi, "Facial Dysplasia in Wild Chimpanzees", *Journal of Medical Primatology*, 2014, 43(4), p. 280 – 283.

6. C. Lacroux, N. Guma et S. Krief, "Facial Dysplasia in Wild Forest Olive Baboons *(Papio anubis)* in Sebitoli, Kibale National Park, Uganda: Use of Camera Traps to Detect Health Defects", *Journal of Medical Primatology*, 2019, 48(3), p. 143 – 153.

7. S. Krief, P. Berny, F. Gumisiriza, R. Gross, B. Demeneix, J.-B. Fini, J. Wasswa *et al.*, "Agricultural Expansion as Risk to Endangered Wildlife: Pesticide Exposure in Wild Chimpanzees and Baboons Displaying Facial Dysplasia", *Science of the Total Environment*, 2017, 598, p. 647 – 656.

8. P. Spirhanzlova, J.-B. Fini, B. Demeneix, S. Lardy-Fontan, S. Vaslin-Reimann, B. Lalere, N. Guma, A. Tindall et S. Krief, "Composition and Endocrine Effects of Water Collected in the Kibale National Park in Uganda", *Environmental*

Pollution, 2019, 251, p. 460 - 468.

9. F. Maisels, S. Strindberg, S. Blake, G. Wittemyer, J. Hart, E. A. Williamson, P. C. Bakabana *et al.*, "Devastating Decline of Forest Elephants in Central Africa", *PLOS* one, 2013, 8(3), e59469.

第七章　为了更好地生活,我们应该模仿黑猩猩吗?

1. 理查德·兰厄姆,燃起火堆:烹饪如何铸就了人类,基础书籍出版社,2009.

2. http://news. bbc. co. uk/2/hi/uk _ news/magazine/6248975. stm.

3. C. Koebnick, C. Strassner, I. Hoffmann et C. Leitzmann, "Consequences of a Long-Term Raw Food Diet on Body Weight and Menstruation: Results of a Questionnaire Survey", *Annals of Nutrition and Metabolism*, 1999, 43(2), p. 69 - 79.

4. 原文为英语,法语译为"Ma définition de l'homme est « un animal qui cuisine» !"

5. D. E. Lieberman, "What We Can Learn about Running from Barefoot Running: An Evolutionary Medical Perspective", *Exercise and Sport Sciences Reviews*, 2012, 40 (2), p. 63 - 72.

6. C. 麦克杜格尔,天生就会跑:隐秘的部落,神奇的跑者,揭示跑的真谛,克诺夫出版社,2009. 法语版:天生就会跑, J. -P. 勒菲夫〔译〕,盖兰出版社,2012.

7. D. M. Bramble et D. E. Lieberman, "Endurance Running and the Evolution of *Homo*", *Nature*, 2004, 432(7015), p. 345.

8. K. A. Plomp, U. S. Viðarsdóttir, D. A. Weston, K. Dobney

et M. Collard, "The Ancestral Shape Hypothesis: An Evolutionary Explanation for the Occurrence of Intervertebral Disc Herniation in Humans", *BMC Evolutionary Biology*, 2015, 15(1), p.68.

第八章 地球……没有猿类?

1. R. G. Taylor, L. Mileham, C. Tindimugaya, A. Majugu, A. Muwanga et B. Nakileza, "Recent Glacial Recession in the Rwenzori Mountains of East Africa Due to Rising Air Temperature", *Geophysical Research Letters*, 2006, 33 (10).

2. 原文为英语"Jump!",法语译为"Saute!"

3. 弗朗斯·德瓦尔,黑猩猩的政治——猿类社会中的权力与性,约翰斯·霍普金斯大学出版社,1990. 法语版:黑猩猩的政治,U. 阿米希特[译],奥迪尔·雅各布出版社,1995。

4. 法国《民法典》第515-14条:"动物是具有情感的生命体。……动物受财产制度约束。"《农村法》第L214-1条:"任何有生命的动物必须由其主人安置在符合其物种的生物学要求的环境中。"《刑法》第521-1条:"公开或非公开地对家养、驯养或捕获的动物实施严重虐待、性行为或残忍行为的,处以两年监禁和30000欧元的罚款。"

结论

1. 根据资源,引文出自计算机科学家艾伦·凯(Alan Kay)、亚伯拉罕·林肯(Abraham Lincoln)还有管理学教授彼得·德鲁克(Peter Drucker)。

2. A. Nater, M. P. Mattle-Greminger, A. Nurcahyo, M. G.

Nowak, M. De Manuel, T. Desai, A. R. Lameira *et al.* , "Morphometric, Behavioral, and Genomic Evidence for a New Orangutan Species", *Current Biology*, 2017, 27 (22), p. 3487 – 3498.

致谢

致我的编辑斯特凡·杜朗，感谢他在我写作过程中宽容耐心的陪伴。

致让-米歇尔，感谢他的爱和关心，他的建议和鼓励，还有他的存在本身。这二十三年——我们生命的一半时间——与林中兄弟温柔共享，这是我们的财富和力量。

致我的祖父母、我的母亲、我丈夫一家以及我的朋友们。

致那些从一开始就相信这次冒险，相信我疯狂的计划，支持和鼓励我的人，安妮特和马塞尔·拉迪克、罗贝尔·巴尔博、塞尔日·巴于歇、蒂埃里·塞维内、尼古拉·于洛。

致纳塔莉·贝伊，感谢她的友善、直爽、敏感和活泼。

致我的研究和工作伙伴，雪莉·马西、雅克·吉洛、里夏尔·杜梅兹、埃弗利娜·海耶。

致我们在塞比托利的团队，他们是森林宝藏、黑猩猩和乌干达其他奇迹的忠实可贵的守护者。

感谢尼古拉·于洛基金会[①]和摩纳哥阿尔贝二世亲王基金会[②]的信任和进一步支持。

非常感谢乌干达野生动物管理局允许我们在基巴莱国家公园里工作和推进我们的项目，非常感谢乌干达驻法国大使馆对我们研究的照顾和关怀。

万分感谢所有为热带森林这个充满活力的空间及其居住者的生存而奋斗的人，以及那些向我们表示支持的人。特别重要的是，追逐你们的梦想，也是我们的梦想，那就是给今天的孩子们留下一个"人猿星球"。

*

猿类保护计划

自 1997 年以来，莎冰娜和让-米歇尔·克里夫在非洲森林中穿行，寻找黑猩猩的踪迹。2006 年，他们成立了猿类保护计划（PCGS）协会，为法国和其他当地的保护项目提供支持。协会支持他们的实地工作团队——塞

---

① 尼古拉·于洛基金会（Fondation Nicolas Hulot）旨在改变个人和集体行为，支持法国和国外的环保倡议，促进社会的生态转型。
② 摩纳哥阿尔贝二世亲王基金会（Fondation Prince Albert II）是一个国际非营利组织，在世界各地开展工作，促进生物多样性、气候、海洋和水资源的有效解决方案。

比托利黑猩猩项目（SCP），该项目由二十五名乌干达人组成，日常致力于打击偷猎行为，改善基巴莱国家公园（乌干达）周围村民的生活，并提高他们对有机和可持续农业以及保护生物多样性等一系列问题的认识。

在过去的三年里，八百个陷阱被破坏。塞比托利黑猩猩项目还为村民们安装了由悬挂的蜂箱组成的六百米长的围栏，旨在阻止害怕被蜜蜂蜇伤的大象入侵村民的田地——这是一种协调公园周边居民和野生动物的手段，同时还通过出售蜂蜜提高了居民收入。在法国，猿类保护计划通过举办展览和制作教材，让法国和非洲学校的孩子们在游戏中探索猿类的生活、猿类和热带森林面临的威胁，以及保护他们的解决办法，为提高公众认知作出了贡献。

该协会将科学、艺术和教育融为一体，让尽可能多的人参与分享猿类在其自然栖息地的秘密世界，促进了人类与他们的近亲，以及对所有生物都至关重要的热带森林之间的和谐关系。

猿类保护项目收到的捐款打击了黑猩猩偷猎行为，提高了当地居民的认识，也为他们提供了支持。

PCGS

3 rue Titien - 75013 PARIS

www.sabrina-jm-krief.com

Projet pour la Conservation des Grands Singes

猿类保护计划

---

*

野生动物保护协会

因为飞速的城市化对野生动物微弱的声音充耳不闻、视而不见；

因为捕猎仍然过多地占据支配地位的不当份额；

因为试图保护野生动物的法律受到了阻碍：减损的效力、无尽的例外、烦琐的程序和众多压力集团的反对；

野生动物保护协会（ASPAS）建立了野生动物保护区（*Réserves de Vie Sauvage* ®），大自然的勃勃生机可以在这里自由绽放。除了沉思默想的、充满爱意或好奇的漫步，其他任何人类活动都不被允许。如今，这一标签代表着法国最高级别的保护。我们越是把土地还给荒野，让它充分且自由地表达自己，我们就越能找到刚好适合我们自己的地方。

野生动物保护协会是非营利性的、被国家承认的公益事业组织，完全独立：这是自然保护协会中的例外。协会捍卫野生动物中的无声者，那些被列为"有害"的物种，还有那些被认为无足轻重或麻烦累赘的物种。野生动物保护协会动员公众舆论，质询当选者，提高公众对保护环境和物种的必要性的认识。协会在法律方面的专长是独一无二的。三十多年来，协会已向法院提交了三千多起诉讼，包括在政府不尊重现行法律时对其进行起诉，以确保环境法得以执行并朝积极方向发展。

ASPAS

BP 505 – 26401 CREST CEDEX

www. aspas-nature. org

电话 04 75 25 10 00/contact@aspas-nature. org

脸书/推特/照片墙：@ASPASnature

附录
植物名对照表

拉丁文名	中文译名
Acanthus	老鼠簕
Aframomum	椒蔻属
Albizia	合欢属
Albizia grandibracteata	大苞合欢
Aningeria	阿林山榄树
Cordia	破布木
Dialium	酸榄豆
Ficus capensis	开普无花果树
Mimusops	香榄
Mimusops bagshawei	乌干达香榄
Pennisetum purpureum	象草
Piper umbellatum	大胡椒

Pseudospondias	异槟榔青属
Tabernaemontana holstii	鱼尾山马茶
Trichilia rubescens	苦叶（未查到准确译名，待补）
Vernonia amygdalina	扁桃斑鸠菊